半導体工学

浪崎博文 著

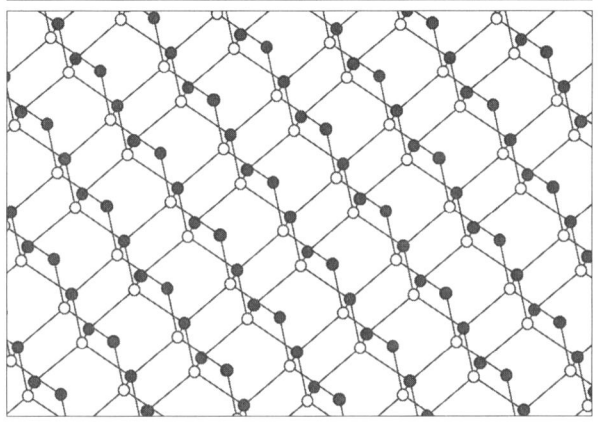

大学教育出版

序　文

　今日、半導体工学の発展は目覚ましく、その産物であるLSI（エルエスアイ）やレーザダイオードなどの半導体デバイスはきわめて複雑でかつ微妙な働きをしており、これらをはじめて学ぶものにとってはどこから手をつけてよいか戸惑うことも多いと思われる。しかも、これらデバイスの動作原理を理解するには量子論の知識が必要とあって、デバイスの製造・開発に携わるものの中にも原理的な理解が不十分なものも少なくない。半導体工学の骨子は1960年代にはほぼ完成しており、これに関わる書物も膨大なものがある。しかしながら、本質を遡ろうとすればするほど記述が詳細になり、多くの数式に埋もれて全貌を把握し難くなる。一方、分かりやすく要約した記述では式の導出などを省かざるを得ず、なぜこうなるか、あるいは本当にそうかという疑問が残ったままとなり、'分かった'という満足感が得られない。
　本書は半導体をはじめて学ぶ人、あるいは多少専門から外れた人に半導体の全貌を掴み、その本質を理解してもらうことを目的に執筆した。このため枝葉末節を省き、本質部分についてはできるだけ原理に遡って記述したつもりである。固体中の電子の振る舞いを扱う半導体工学は量子力学や統計力学の知識を底流にしている。往々にしてこれらが説明なしに現れるために疑問が残る場合があるが、本書ではこれらの要点を付録に纏め原理的理解の助けとした。疑いのない理解のためにはどうしても数式による記述は必用であるが、用いた数学は高等学校の程度にとどめてある。すなわち、正確を期すあまり三次元の難解な式を無理に追うことを避け、見通しの良い一次元の式によって現象の本質をより直感的に捕らえられるようにした。これにより、'なるほど'、'分かった'と実感してもらえるのではないかと思う。また物理量の単位も折に触れて確認

し、その式で扱っている数値の性質（次元）を思い起こすようにした。単位の確認は式そのものの検証にも役立つ。読者も巻末の単位表を参考に自ら時々単位を確認してほしい。また、式で扱っている量のおよその大きさにも注意を払うと現象の物理的イメージを把握しやすくなる。各章の演習問題にはこれに役立つものを載せた。

　本書の前半はトランジスタなどの電子デバイスを、後半はレーザダイオードなどの光デバイスを扱っている。生産量や生産額では圧倒的に前者が勝るが、後者は電子の伝導だけでなく光との相互作用をも同時に利用したデバイスであり、深く半導体を理解する上で重要なものである。また、物理的な興味を強くそそられるデバイスでもある。

　本書の執筆に当たり、内外の多くの先達の著書を参考にさせていただいた。データや図表なども多く引用させていただいているが、教科書のため引用先を明示していない。これらの著者の方々にお許しいただくとともに、ここに改めてお礼を申し上げたい。

2006年師走

著　者

半導体工学

目　次

序　文 ……………………………………………………………………………… *i*

第1章　半導体と量子論 …………………………………………………… *1*
   1.　電気伝導度と半導体　*1*
   2.　物質の粒子性と波動性　*3*
   3.　ポテンシャル井戸の中の電子　*6*
   4.　状態密度　*8*
   5.　トンネル効果　*11*

第2章　結晶構造 …………………………………………………………… *16*
   1.　各種の結晶構造　*16*
   2.　ダイヤモンド格子　*18*
   3.　ミラー指数　*20*
   4.　逆格子ベクトル　*22*
   5.　ブラッグ反射　*23*

第3章　エネルギー帯 ……………………………………………………… *26*
   1.　原子と結晶　*26*
   2.　クローニッヒ‐ペニーの模型　*29*
   3.　エネルギー帯、許容帯、禁制帯　*31*
   4.　ブリルアンゾーン　*32*
   5.　有効質量　*34*
   6.　ホール（正孔）　*35*
   7.　実際のバンド構造　*36*

第4章　半導体 ……………………………………………………………… *39*
   1.　真性半導体　*39*
   2.　不純物半導体　*44*
   3.　温度依存性　*46*

第5章　半導体を流れる電流 …………………………………………………… *51*

1. 電流の方程式　*51*
2. アインシュタインの関係式　*52*
3. 再結合　*54*
4. 連続の方程式　*55*
5. 移動度　*56*
6. 格子振動（フォノン）　*59*

第6章　*p-n* 接合 ………………………………………………………………… *63*

1. 空乏層と拡散電位　*63*
2. *p-n* 接合の熱平衡時のバランス　*64*
3. 階段型不純物分布を持った *p-n* 接合　*65*
4. *p-n* 接合を流れる電流　*70*

第7章　トランジスタ …………………………………………………………… *76*

1. バイポーラトランジスタ　*76*
2. 遮断周波数　*82*
3. 電界効果トランジスタ　*85*
4. MOS 型トランジスタ　*88*
5. 集積回路　*93*

第8章　Ⅲ-Ⅴ族半導体とヘテロ接合 …………………………………………… *98*

1. Ⅲ-Ⅴ族半導体　*98*
2. 格子整合　*100*
3. ヘテロ接合　*103*
4. 量子井戸　*108*
5. 超格子　*110*

第9章 光と電磁波 …… 112

1. 電磁波　112
2. 光子（フォトン）　115
3. モード密度　116
4. プランクの放射則　117

第10章 光と物質の相互作用 …… 121

1. 自然放出、誘導放出、吸収　121
2. 電気感受率と屈折率、吸収係数　123
3. 半導体中の吸収、放出　127
4. マトリックスエレメント　132
5. k 選択則と直接・間接遷移型半導体　136
6. 半導体中の各種発光・吸収過程　140

第11章 発光デバイス …… 142

1. 発光ダイオード　142
2. レーザダイオード　145
3. ダブルヘテロ接合レーザ　148
4. レーザ出力　152

第12章 受光デバイス …… 157

1. フォトダイオード　157
2. イメージセンサ　162
3. 太陽電池　166

第13章 半導体デバイスの製造技術 …… 171

1. 半導体デバイスのできるまで　171
2. 基板の製造　172
3. ウエハプロセス　174

4. アセンブリ　*179*

付録1　量子力学 …………………………………………………… *181*

付録2　ディラックのブラ・ケットベクトル ……………………… *189*

付録3　調和振動子のエネルギー …………………………………… *193*

付録4　フェルミ分布とボーズ分布 ………………………………… *196*

付録5　マクスウェル‐ボルツマンの速度分布則 ………………… *201*

付録6　還元状態密度と再結合の割合 ……………………………… *206*

物理定数表 …………………………………………………………… *211*

単位の接頭語 ………………………………………………………… *211*

物理量と単位 ………………………………………………………… *212*

ベクトル公式 ………………………………………………………… *213*

演習問題解答 ………………………………………………………… *214*

索　　引 ……………………………………………………………… *217*

第1章
半導体と量子論

1. 電気伝導度と半導体

半導体（semiconductor）とは物質を電気を伝えるという観点から導体、絶縁体と分類するときに、これらの中間に位置する電気伝導度を持った一群の固体物質をいう。電気を流すのは電荷を持って動く電子である。固体中でも電気を伝えることのできる電子が多数存在する。これを伝導電子という。この正体はいずれ明らかになるが、ここでは固体中にある全電子のうちの一部が伝導にあずかると考えておく。この伝導電子はほとんど自由な粒子であるが、他の粒子との弱い相互作用のためにエネルギーを失う。エネルギーの減衰する時定数、すなわち緩和時間（relaxation time）をτ_dとする。電界が0のとき、電子はあらゆる方向に無秩序な運動を繰り返しているので平均速度は0である。電界$\boldsymbol{E}$が加わると電子は加速され電界方向に速度$\boldsymbol{v}$を持とうとする。（$\boldsymbol{E}$も$\boldsymbol{v}$もベクトル量である。本書ではベクトル量を表すのに太字の記号を使用する。）したがって、運動方程式は

$$\frac{d\boldsymbol{v}}{dt} = -\frac{e}{m}\boldsymbol{E} - \frac{\boldsymbol{v}}{\tau_d} \tag{1.1}$$

ここにeは電子の電荷、mは質量である。電流密度$\boldsymbol{J}$は伝導電子の単位体積当たりの数をnとして、

$$\boldsymbol{J} = -en\boldsymbol{v} \tag{1.2}$$

である。定常状態では$d\boldsymbol{v}/dt=0$、したがって

$$J = \frac{ne^2\tau_d}{m}E \tag{1.3}$$

が得られる。ここで導電率（conductivity）を

$$\sigma = \frac{ne^2\tau_d}{m} \tag{1.4}$$

単位 $[\sigma] = [m^{-3}C^2s/kg] = [(A/m^2)/(V/m)] = [1/(\Omega m)]$
$\because [J(ジュール)] = [CV] = [kgm^2/s^2]$

とすると

$$J = \sigma E \tag{1.5}$$

となる。これがオームの法則（Ohm's law）である。ここで導電率は抵抗率（resistivity）の逆数である。すなわち

$$\rho = 1/\sigma \tag{1.6}$$

導電率はまた移動度（モビリティー；mobility）

$$\mu = \frac{e\tau_d}{m} \tag{1.7}$$

単位 $[\mu] = [Cs/kg] = [Cs/kg \cdot kgm^2s^{-2}/(CV)] = [m^2V^{-1}s^{-1}]$

を用いて

$$\sigma = en\mu \tag{1.8}$$

と書くことができる。

図1-1は抵抗率を横軸にして各種物質の位置を示したものである。抵抗率が

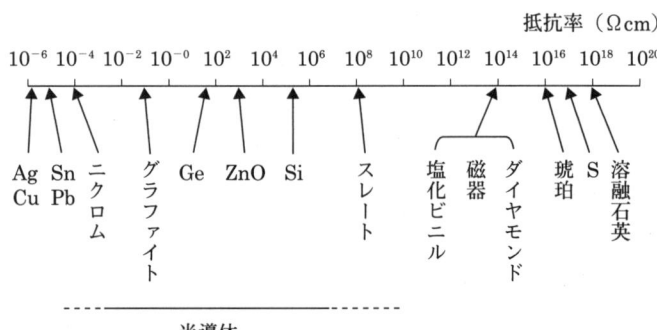

図1-1　種々の物質の抵抗率

$10^{-6}\Omega$cm 台の Ag や Cu などの金属から $10^{18}\Omega$cm の溶融石英にいたるまできわめて広い範囲に分布していることがわかる。このうち 10^{-3} から $10^7\Omega$cm 程度に分布する物質が一般に半導体といわれるが、境界は必ずしも厳密なものではない。

物質が導体、半導体、絶縁体となるのは、それぞれの物質で伝導にあずかる電子の数 n が何桁あるいは何十桁も大きく変わるためである。この数を知るには以下で述べる量子論の考え方が必要になる。

2. 物質の粒子性と波動性

ニュートン力学に代表される古典力学（classical mechanics）では物質を粒子としてとらえ、その運動を速度、加速度、エネルギーなどの物理量で記述する。古典力学は巨視的な世界では自然現象をよく説明し、その運動方程式は未来の状態をも予測するものになっている。たとえば野球の投手が投げるボールの行方や、100年後の天体の位置などをほぼ正確に予言できる。ところが電子のような極微の世界の物質に当てはめようとすると事情は一変し、まったくその振る舞いを説明できなかった。これは物質が粒子性を持っているだけでなく、波動としての性格も合わせ持っており、極微の世界ではこの波動性が顕著に現れるためであった。物質を波動として取り扱う波動力学、すなわち量子力学（quantum mechanics）の完成により初めてこの理解が可能となった。ここでは物質は位置や運動量の定まった古典的な粒子ではなく、その存在は波動関数という存在確率を示す量で表される。未来予測も古典力学のような決定論にはならず確率論で議論される。

ド・ブロイ（de Broglie）は運動量 p を持つ粒子は

$$\lambda = \frac{h}{p} \tag{1.9}$$

の波長（wavelength）を持つ波であるとの仮説を発表した。ここに h はプランク（Planck）定数である。この波を物質波あるいはド・ブロイ波という。物質波を x 方向に進む平面波

$$\phi = A \cdot \exp(ikx - i\omega t) \tag{1.10}$$

の形で表すと、ここに k は波数（wave number）、ω は角周波数（angular frequency）である。角周波数 ω は振動数（周波数）を ν とすると $\omega = 2\pi\nu$ である。波長 λ は同一時刻で位相が 2π 回るだけの距離であるから

$$k\lambda = 2\pi$$

$$\therefore k = \frac{2\pi}{\lambda} \tag{1.11}$$

また波の速度は同位相の点の移動時間 t と移動距離 x の関係から

$$ikx - i\omega t = 0$$

$$\therefore v = \frac{x}{t} = \frac{\omega}{k} \tag{1.12}$$

となる。

今、振幅が等しく角周波数のきわめて近いもう1つの波

$$\phi' = A \cdot \exp(ik'x - i\omega' t) \tag{1.13}$$

が重なった場合を考える。合成された波は

$$\begin{aligned}\phi + \phi' &= A \cdot \exp(ikx - i\omega t) + A \cdot \exp(ik'x - i\omega' t) \\ &= 2A \cdot \cos\left(\frac{k-k'}{2}x - \frac{\omega-\omega'}{2}t\right) \cdot \exp\left(i\frac{k+k'}{2}x - i\frac{\omega+\omega'}{2}t\right) \\ &\sim 2A \cdot \cos\left(\frac{k-k'}{2}x - \frac{\omega-\omega'}{2}t\right) \cdot \exp(ikx - i\omega t)\end{aligned} \tag{1.14}$$

$$\because \cos\theta = (\exp(i\theta) + \exp(-i\theta))/2$$

となる。この波の形を図1-2 a) に示す。この波の振幅は波長が

$$\lambda_g = \frac{4\pi}{k-k'} \tag{1.15}$$

となって最大値の現れる間隔は元の波に比べてずっと長くなる。また、速度は

$$v_g = \frac{\omega - \omega'}{k - k'} = \frac{d\omega}{dk} \tag{1.16}$$

となる。これを群速度（group velocity）という。これに対して(1.12)式で与えられる元の波の速度を位相速度（phase velocity）という。3つの波を重ねると最大値が現れる割合はさらに小さくなる。無限個の波を重ねると最大値

は1か所だけになる。これを波束（wave packet）という。この1点に集まった波束が粒子に対応すると考えられる。したがって粒子の持つエネルギーも群速度で伝搬する。これから物質を波動としてとらえたときの波の速度は位相速度ではなく、群速度を用いる必要があることがわかる。

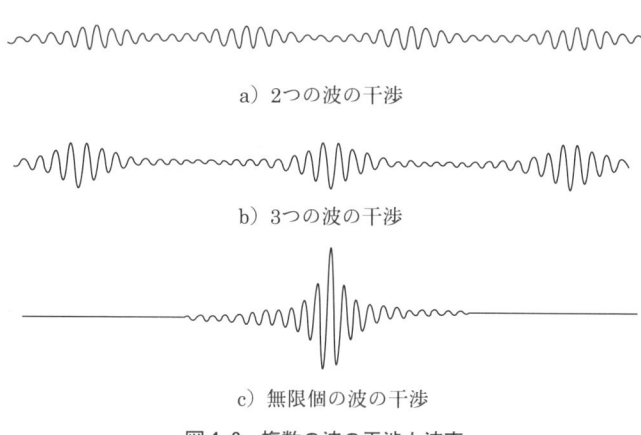

a）2つの波の干渉

b）3つの波の干渉

c）無限個の波の干渉

図1-2　複数の波の干渉と波束

三次元で運動量は群速度を用いて

$$\bm{p} = m\bm{v}_g \tag{1.17}$$

と記述される。運動量はまた（1.9）、（1.11）式から

$$\bm{p} = \frac{h}{\lambda} = \frac{h}{2\pi}\bm{k} = \hbar\bm{k} \tag{1.18}$$

単位　$[\bm{p}] = [\text{kgm/s}]$
$[\hbar\bm{k}] = [\text{Js/m}] = [\text{kg(m/s)}^2\text{s/m}] = [\text{kgm/s}]$

と表せる。すなわち波数を$\hbar$倍すると運動量である。ここに$\hbar$はプランク定数hを2πで割ったもので、'エイチバー'と読んで今後しばしば使用する。

$$\bm{k} = \frac{m}{\hbar}\bm{v}_g \tag{1.19}$$

であるから、これを微分して

$$d\bm{k} = \frac{m}{\hbar}d\bm{v}_g \tag{1.20}$$

一方、$v_g = d\omega/dk = 2\pi d\nu/dk$ から

$$v_g dk = 2\pi d\nu \tag{1.21}$$

したがって、

$$2\pi d\nu = \frac{m}{\hbar} v_g dv_g$$

$$\therefore h d\nu = m v_g dv_g \tag{1.22}$$

積分して

$$h\nu = \frac{m}{2} v_g^2 + U = E$$

$$\therefore E = h\nu = \hbar\omega \tag{1.23}$$

となる。ここに U は積分定数でポテンシャルエネルギーを与える。すなわち波として表したときのエネルギーは角周波数 ω の $\hbar$ 倍となる。以上をまとめ、物質を粒子として見立てるときと、波動と見立てるときのエネルギーおよび運動量の表式を表1-1に示す。

表1-1 物質を粒子、波動と見立てた時のエネルギーおよび運動量の表式

	粒子	波動
エネルギー	$mv_g^2/2$	$\hbar\omega$
運動量	mv_g	$\hbar k$

3. ポテンシャル井戸の中の電子

波動関数を ϕ とすると、物質の存在確率が $|\phi|^2$ で与えられる。波動関数はシュレーディンガー（Schrödinger）の波動方程式（wave equation）に従う（付録1参照）。

時間を含まない一次元の波動方程式は

$$\frac{d^2\phi}{dx^2} + \frac{2m}{\hbar^2}(E-U)\phi = 0 \tag{1.24}$$

である。ここに m は質量、$\hbar$ はプランク定数、E はエネルギー、U はポテンシャルエネルギーである。

固体内部のポテンシャルを大まかに模擬して、図1-3のようなポテンシャルの井戸の中の電子を考える。

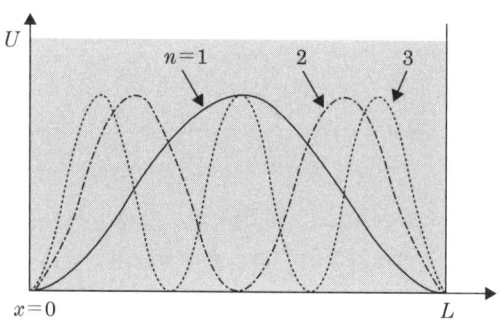

図1-3　ポテンシャルの井戸と電子の存在確率

すなわち境界条件は

$U=0$　　　　$0<x<L$

$U=\infty$　　　x は上記以外　　　　　　　　　　　　　　　　(1.25)

である。解の形を左右に進行する平面波の和として

$$\phi = A \cdot \exp(ikx) + B \cdot \exp(-ikx) \tag{1.26}$$

と書く。ここに $k>0$ である。なお、この式が平面波を表すことは、省かれている時間変化 $\exp(-i\omega t)$ を乗ずれば（1.10）式と同じ形になることから理解される。

$x=0$ で $\phi=0$ から

$$A+B=0 \tag{1.27}$$

これから、

$$\phi = 2A \cdot \sin(kx) \tag{1.28}$$

$x=L$ で $\phi=0$ から

$$2A \cdot \sin(kL) = 0 \tag{1.29}$$

したがって、

$$k=\frac{\pi}{L}n \quad ; \quad n=1, 2, 3,\cdots\cdots \tag{1.30}$$

となる。波数はこのように飛び飛びの値をとる。(1.28) 式を (1.24) 式に代入して

$$-k^2\phi+\frac{2m}{\hbar^2}E\phi=0$$

$$\therefore E=\frac{\hbar^2}{2m}k^2 \tag{1.31}$$

が得られる。k が飛び飛びであるから、エネルギー E も古典力学に現れるような連続の値ではなく、飛び飛びの値をとる。これが物質を波として扱った結果の本質である。電子の存在確率は (1.28) 式の 2 乗で与えられる。$n=1, 2, 3$ のときのこの具体的な存在確率の分布を図 1-3 に示している。$n=1$ のとき中央に最も存在確率が高く、両端にいくほど低くなる。$n=2$ では存在確率に 2 つの山ができる。このとき、中央は確率 0 で、電子は存在しない。$n=3$ では 3 つの山が現れる。これらの波動関数 ϕ_n は互いに直交している。すなわち

$$\int_0^L \phi_n\phi_m dx=0 \quad ; \quad n\neq m \tag{1.32}$$

であることは (1.28) および (1.30) 式から容易にわかる。

4. 状態密度

三次元のポテンシャル井戸中における電子の E と k の関係は、各次元独立に飛び飛びの波数をとるから、x、y、z 方向の波数をそれぞれ k_x、k_y、k_z として

$$k_q=\frac{\pi}{L}n_q \quad ; \quad q=x, y, z, \quad n_q=1, 2, 3,\cdots\cdots \tag{1.33}$$

となり、エネルギーは k の長さを k として

$$E=\frac{\hbar^2}{2m}(k_x^2+k_y^2+k_z^2)=\frac{\hbar^2}{2m}k^2 \tag{1.34}$$

で与えられる。

電子がエネルギー E を持つときに、単位体積当たり微小エネルギー区間 dE

に n_x、n_y、n_z の組がいくつあるかを数える。これを状態密度（density of states）といい、いわば電子の座るべき座席の数を与える。(1.33) 式から

$$\rho(E)dE = \frac{2}{L^3}dn_x dn_y dn_z = \frac{2}{L^3}\left(\frac{L}{\pi}\right)^3 dk_x dk_y dk_z \tag{1.35}$$

となる。ここで2倍しているのは1つのエネルギー準位（energy level）にスピン（spin）の異なる2つの電子が入り得るためである。$k^2 = k_x^2 + k_y^2 + k_z^2$ の関係を用い球の体積積分に置き換え、また、k_x、k_y、k_z を正としたから第一象限のみをとって 1/8 とすると

$$\begin{aligned}\rho(E)dE &= \frac{1}{8}\frac{2}{L^3}\left(\frac{L}{\pi}\right)^3 (4\pi k^2)dk = \frac{k^2}{\pi^2}dk \\ &= \frac{1}{2\pi^2}\left(\frac{2m}{\hbar^2}\right)^{\frac{3}{2}}\sqrt{E}\,dE\end{aligned} \tag{1.36}$$

∵ (1.34) 式より $dE = (\hbar^2/2m)2kdk$

単位 $[\rho] = [\mathrm{kg}^{3/2}(\mathrm{Js})^{-3}\mathrm{J}^{1/2}] = [\mathrm{m}^{-3}\mathrm{J}^{-1}]$

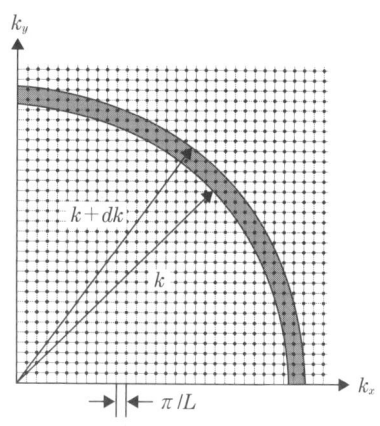

図 1-4　k 空間の中の状態

となる。すなわち三次元の場合、状態密度は $\sqrt{E}$ に比例して増える。この式は L によらない。$L \to \infty$ とすると自由電子となるが、この場合も状態密度は同じである。図 1-5 に状態密度のエネルギー依存性を示す。ここにエネルギーの単

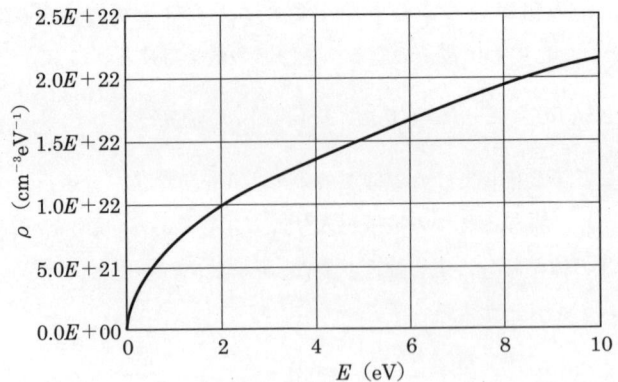

図1-5 状態密度のエネルギー依存性

位として、電位差$1V$で1つの電子が得るエネルギー eV (electron volt;電子ボルト)をとっている。

エネルギーEまで電子が詰まっているとすると電子密度nは

$$n = \int_0^E \rho(E)dE = \frac{1}{2\pi^2}\left(\frac{2m}{\hbar^2}\right)^{\frac{3}{2}} \int_0^E \sqrt{E}dE$$

$$= \frac{1}{3\pi^2}\left(\frac{2m}{\hbar^2}\right)^{\frac{3}{2}} E^{\frac{3}{2}} \tag{1.37}$$

である。逆に解くと

$$E = (3\pi^2)^{\frac{2}{3}} \frac{\hbar^2}{2m} n^{\frac{2}{3}} \tag{1.38}$$

が得られる。この値は電子密度がnのとき、絶対0度で電子がとり得る最大のエネルギーである。これをフェルミエネルギー (Fermi energy) という。

次章で述べるように固体中の電子は結晶がもたらす周期ポテンシャル (periodic potential) の中を運動している。このとき、固体の周期性に基づき波動関数に制限を加える手法が用いられる。固体の一部を長さLの立方体とし、これが無限に繰り返すと考える。これを周期境界条件という。三次元のシュレーディンガーの方程式を

$$\left(\frac{\partial^2}{\partial^2 x} + \frac{\partial^2}{\partial^2 y} + \frac{\partial^2}{\partial^2 z}\right)\phi + \frac{2m}{\hbar^2}E\phi = 0 \tag{1.39}$$

であるとし、周期性は解のみ持つとする。解の波動関数を

$$\phi = A \cdot \exp(i(k_x x + k_y y + k_z z)) \tag{1.40}$$

と進行波の形に仮定する。x方向は$x = x+L$でも同じ値となるから、n_xを整数（0、マイナスも含む）として

$$k_x L = 2\pi n_x$$

$$\therefore k_x = \frac{2\pi}{L} n_x \tag{1.41}$$

が得られる。y、z方向のkも同様にして得られる。エネルギーは、（1.40）式を（1.39）式に代入して

$$E = \frac{\hbar^2}{2m}(k_x^2 + k_y^2 + k_z^2) = \frac{\hbar^2}{2m} k^2 \tag{1.42}$$

となる。以上は前述の井戸型ポテンシャル中の電子とほぼ同様の結果である。ところが、この場合$k = 2n\pi/L$であり、井戸型ポテンシャルの場合の$k = n\pi/L$とは2倍異なっている。したがって状態密度は一次元につき1/2倍となるように見える。しかし周期境界条件のときnは正負の値をとれるので、x、y、zいずれも正負となるkの全球の体積を数える必要があり、nが正のみの値をとる井戸型ポテンシャルのときと同じ状態密度となる。

5. トンネル効果

電子が波の性質を顕著に表す現象にトンネル効果（tunnel effect）がある。図1-6に示すようなポテンシャル障壁の左方から電子が入射する場合を考え

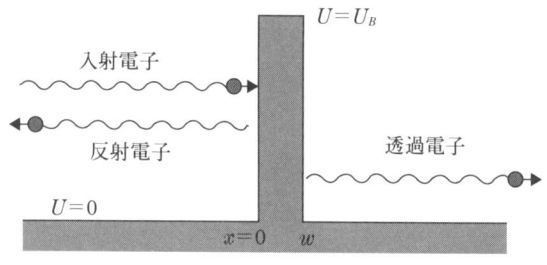

図1-6 トンネル効果の説明図

る。障壁の高さが電子の持つエネルギーより高いとすると、電子を粒子として扱う古典論では電子は障壁を越えられずにすべて反射されてしまう。ところが電子を波として扱う量子論ではある確率で障壁を通り抜け右方に伝搬していく波が現れる。これがトンネル効果である。この効果は電子が波であることの証明になるばかりでなく、半導体デバイスにいろいろな場面で応用されている。

障壁の左端を $x=0$ として、$0<x<w$ でポテンシャルエネルギーが U_B、他は 0 とする。シュレーディンガーの方程式は障壁外で

$$\frac{d^2\phi}{dx^2}+\alpha^2\phi=0 \tag{1.43}$$

障壁内部で

$$\frac{d^2\phi}{dx^2}-\beta^2\phi=0 \tag{1.44}$$

ただし

$$\alpha^2=\frac{2m}{\hbar^2}E \tag{1.45}$$

$$\beta^2=\frac{2m}{\hbar^2}(U_B-E) \tag{1.46}$$

である。障壁の左側で (1.43) 式の解は

$$\phi_1=\exp(i\alpha x)+A\cdot\exp(-i\alpha x) \tag{1.47}$$

である。ただし、ここで入射波の振幅は 1 に規格化してある。障壁中の一般解は

$$\phi_2=B\cdot\exp(\beta x)+C\cdot\exp(-\beta x) \tag{1.48}$$

となる。また、障壁の右側では (1.47) と同様に一般解が与えられるが、この場合左に進む波はないので

$$\phi_3=D\cdot\exp(i\alpha x) \tag{1.49}$$

となる。障壁の左右でこれらの波が滑らかに連続するという境界条件、すなわち ϕ および $d\phi/dx$ が境界で等しいことから、

$$1+A=B+C \tag{1.50}$$

$$i\alpha(1-A)=\beta(B-C) \tag{1.51}$$

$$B\cdot\exp(\beta w)+C\cdot\exp(-\beta w)=D\cdot\exp(i\alpha w) \tag{1.52}$$

$$\beta(B\cdot\exp(\beta w)-C\cdot\exp(-\beta w))=i\alpha D\cdot\exp(i\alpha w) \tag{1.53}$$

の4本の式が得られ、これから A、B、C、D の未定定数が決まる。若干複雑な式となるが、これらを書き下すと

$$A = \frac{(\alpha^2+\beta^2)\sinh(\beta w)}{2\alpha\beta\cosh(\beta w)+i(\beta^2-\alpha^2)\sinh(\beta w)} \tag{1.54}$$

$$B = \frac{i2\alpha(\beta+i\alpha)}{(\beta+i\alpha)^2-(\beta-i\alpha)^2\exp(2\beta w)} \tag{1.55}$$

$$C = \frac{i2\alpha(\beta-i\alpha)\exp(2\beta w)}{(\beta+i\alpha)^2-(\beta-i\alpha)^2\exp(2\beta w)} \tag{1.56}$$

$$D = \frac{2\alpha\beta\exp(-i\alpha w)}{2\alpha\beta\cosh(\beta w)+i(\beta^2-\alpha^2)\sinh(\beta w)} \tag{1.57}$$

となる。トンネル確率 P は入射波の振幅を 1 としたので、$|D|^2$ で与えられる。すなわち、

$$\begin{aligned} P = |D|^2 &= \frac{4\alpha^2\beta^2}{4\alpha^2\beta^2\cosh^2(\beta w)+(\beta^2-\alpha^2)^2\sinh^2(\beta w)} \\ &= \frac{4\alpha^2\beta^2}{4\alpha^2\beta^2+(\beta^2+\alpha^2)^2\sinh^2(\beta w)} \end{aligned} \tag{1.58}$$

である。また、透過波と反射波の振幅は次の関係を満たしていることがわかる。

$$|A|^2+|D|^2=1 \tag{1.59}$$

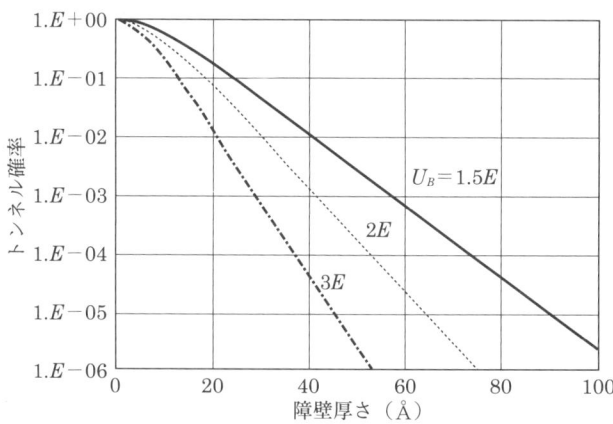

図 1-7 トンネル確率

図1-7は障壁の高さを電子のエネルギーの1.5、2、3倍にしたときのトンネル確率の障壁厚さ依存性を計算したものである。厚さが数10オングストローム（$Å=1\cdot10^{-8}$cm）になるとトンネル現象が顕著に現れる。さらに薄くなるとトンネル確率は1に近づいていく。すなわち入射電子はほとんどすべてが障壁を透過してしまう。また、同じ厚さでも障壁の高さが低いほどトンネル確率は大きくなる。

巨視的な物質も波としての性質を持っていると考えられる。質量$1g$の球が障壁を通り抜ける確率を考えてみよう。障壁の高さを1cm、幅を1mmとするとポテンシャルエネルギーは

$$U_B = m \cdot g \cdot h = 0.001 \cdot 9.8 \cdot 0.01 = 9.8 \cdot 10^{-5} \quad [J] \tag{1.60}$$

単位 $[mgh] = [kg \cdot m/s^2 \cdot m] = [J]$

ここにgは重力の加速度である。球の運動エネルギーをこの1/2と仮定すると速度は

$$v = \sqrt{\frac{U_B}{m}} = 0.31 \quad [m/s] \tag{1.61}$$

である。このときトンネル確率は

$$P \fallingdotseq 4 \cdot \exp(-5.9 \cdot 10^{27}) \tag{1.62}$$

と計算される。この値は限りなく0に近く、たとえば1秒間に1000回観測するとして100億年眺めていても（すなわち$3\cdot10^{20}$回観測しても）、1度も球が障壁を透過するのを見ることができない。すなわち未来永劫球が障壁を通り抜けることはない。

一方、同じ障壁を質量$9.11\cdot10^{-31}$kgの電子が通り抜ける確率を計算すると、

$$P = 0.0179 \tag{1.63}$$

となって、約60回に1回、電子が障壁を通り抜けるのを観測することになる。なお、ここで電子の運動エネルギーは球と同様に障壁ポテンシャルの1/2とした。

このように日常の世界では量子論の効果が目に見えて現れることはなく、古典力学で十分正確な議論ができるわけであるが、電子のような極微の粒子の振

る舞いを理解するには量子論が不可欠となる。

演習問題

1. 質量1gの球が速度30cm/sで飛んでいるとき、ド・ブロイ波の波長を求めよ。
2. エネルギー1eVを持つ電子の速度と、ド・ブロイ波長を求めよ。
3. 1eVまで電子が詰まっているとすると自由電子の密度はいくらか。
4. 1価の金属である銅の伝導電子密度は$8.47 \cdot 10^{22}$/cm^{3}である。フェルミエネルギーを求めよ。
5. 絶対温度Tで電子の持つエネルギーは、ボルツマン定数をkとして$3kT/2$である。障壁の高さがこの2倍、厚さが10Åのとき、電子のトンネル確率を求めよ。

第2章

結晶構造

1. 各種の結晶構造

　半導体は結晶でできている。結晶とは原子が規則正しく並んだものである。様々な結晶があり、その並び方も同じではない。しかし、ある基本的な単位（単位格子；unit lattice）があり、これが空間的に繰り返すことにより大きな結晶が成り立っていることは、どの結晶をとっても変わりがない。これを並進対称性（translational symmetry）という。ほかにも、鏡面（ミラー）対称、回転対称、回反転対称（回転し、かつ位置ベクトル r の±符号を逆転して重なるもの）などの対称性を持つものがあり、結晶系として分類されている。よく知られた水晶の結晶は6次の回転対称性を持ち、六方晶系と呼ばれる。六方晶系は同じ大きさの球を最も密に並べる、いわゆる最密充填構造（close-packed structure）をとることができる。

　一群の結晶は単位格子に立方体を選ぶことができ、これらを立方晶系と呼ぶ。立方晶系の中でもその中の原子の配置によりいくつかの種類がある。最も簡単な構造は立方体の頂点に1つずつ原子を持つもので、これを単純立方格子（simple cubic lattice）という。これに加えて立方体の中央にもう1つの原子を持つものを体心立方（body-centered cubic）格子、また、立方体の各表面の中央に1つずつ原子を持つものを面心立方（face-centered cubic）格子という。後述のように面心立方格子は最密充填構造のもう1つの形である。

　単位格子に属する原子の数を数えてみよう。図2-1の単純立方格子には8つの原子が描いてあるが、これらのすべてがこの格子に属するとすると隣の格子

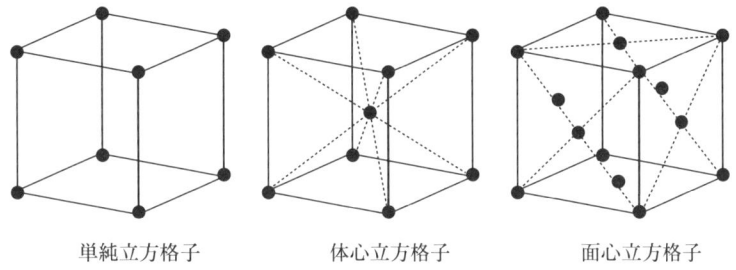

図 2-1　基本的な立方晶系の原子配置

には原子がなくなってしまう。前後、左右、上下の格子に同等の位置に原子を配置しようとすれば、この格子に属する原子は1つだけであることがわかる。他の7つの原子はいずれも隣接する格子に属するわけである。体心立方格子の場合は中央の原子も明らかにこの格子に属するから、1つの格子には2つの原子が属している。面心立方格子の場合は同様に考えると3つの面の中央の原子がこの格子に属することになり、全部で4つの原子が1つの格子に属する。

表2-1に立方晶系の種類とそれらの構造をとる代表的な物質、および単位格子に属する原子の数を示す。半導体材料の多くはダイヤモンド格子またはジンクブレンド（zinc blend；閃亜鉛鉱）格子でできている。これらは後述するように面心立方格子と同じ並進対称性を持っている。

表 2-1　立方晶形の種類と代表的な物質

名称	代表的な物質	単位格子中の原子の数
単純立方格子	Po	1
体心立方格子	Na, Fe, W, Cr	2
面心立方格子	Al, Cu, Ni, Ca, Pt, Au	4
ダイヤモンド格子	C, Si, Ge	8
ジンクブレンド格子	GaAs, InP, ZnSe, SiC	8

2. ダイヤモンド格子

半導体の代表選手であるSiの原子配列を図2-2に示す。原子を丸印で示し、最近接原子との間を棒で結んである。一見して並進対称性は明らかであるが、複雑な形は単位格子をどうとるか悩んでしまう。実はこれがダイヤモンド格子であり、立方体の単位格子を選ぶことができる。

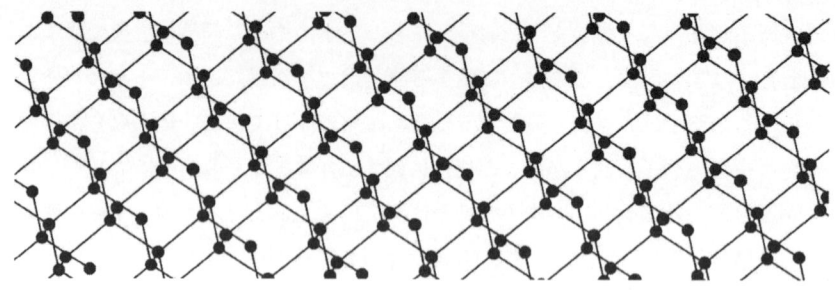

図2-2 Siの原子配置

単位格子を図2-3のように選ぶ。繰り返しの単位、この場合立方体の1辺の長さdを格子定数（lattice constant）という。この原子配置は複雑だが、よく見ると面心立方格子が2つ、入れ子になったものであることがわかる。すなわち1つの面心立方格子に、基底ベクトル（basis vector）

$$b = (d/4)(1, -1, 1) \tag{2.1}$$

だけずらしたもう1つの面心立方格子を組み合わせた形をしている。図ではわかりやすいようにずらした格子に属する原子の色を変えている。この格子に属する原子を配位原子という。Siなどのダイヤモンド構造ではこれらは同種の原子であるが、ジンクブレンド構造では2つの面心立方格子は別々の原子で構成される。たとえばGaAsでは一方の格子がGa原子、もう一方がAs原子でできている。ダイヤモンド格子、およびジンクブレンド格子では8つの原子がこの立方格子の中に含まれる。このことは面心立方格子が2つ組み合わさっていることからもうなずける。

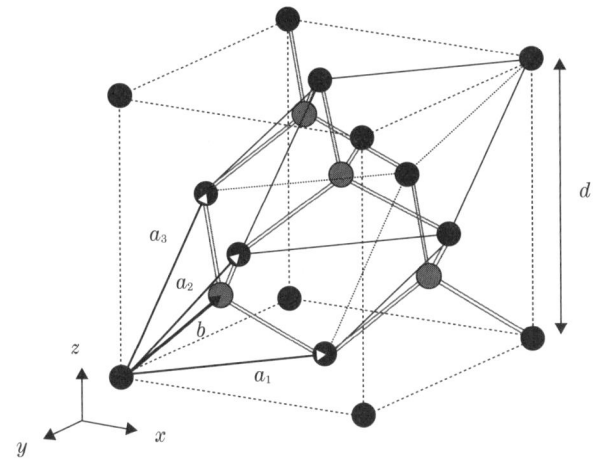

図2-3 ダイヤモンド（ジンクブレンド）格子

単位格子の選び方は1通りではない。たとえばここで選んだ立方単位格子は最小の単位格子ではない。最小の繰り返し単位は基本格子（primitive lattice）と呼ばれ、図中矢印で示した基本並進ベクトル $\bm{a}_1$、$\bm{a}_2$、$\bm{a}_3$

$$\bm{a}_1 = (d/2)(1, -1, 0) \tag{2.2}$$

$$\bm{a}_2 = (d/2)(1, 0, 1) \tag{2.3}$$

$$\bm{a}_3 = (d/2)(0, -1, 1) \tag{2.4}$$

で規定される菱餅型の格子である。この中には1つの配位原子を含んでいるが、基本並進ベクトルは面心立方格子のそれとまったく同じものである。したがって面心立方格子と同じ並進対称性を満たしている。しかし配位原子の存在のために面心立方格子の有しているミラー対称性や回転対称性などは失われている。

別の見方もディメンションを計算するのに有効である。1つの原子から見て最近接原子は、この原子を中心に持つ正四面体の頂点に位置する。ジンクブレンド構造では最近接原子はすべて異種原子である。正四面体

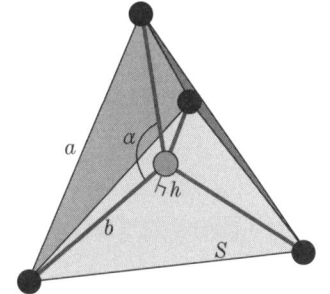

図2-4 最近接原子の作る正四面体

のディメンションを示すと次のようになる。

a：稜の長さ　　　$a=\sqrt{2}/2\cdot d$

b：ボンドの長さ　$b=\sqrt{3}/4\cdot d$

h：高さ　　　　　$h=\sqrt{2/3}\cdot b=1/\sqrt{3}\cdot d$

S：1表面積　　　$S=\sqrt{3}/4\cdot b^2=\sqrt{3}/8\cdot d^2$

V：体積　　　　　$V=\dfrac{1}{3}\mathrm{Sh}=\dfrac{1}{24}d^3$

α：ボンド間の角度　$\alpha=180-2\cdot\arcsin\left(\dfrac{1}{\sqrt{3}}\right)=109.47$ 度

先の基本格子の体積は、$V_{pl}=2\mathrm{Sh}=d^3/4$ である。すなわち立方単位格子の 1/4 の体積を持つ。また、正四面体 6 個分の体積である。なお、任意の原子は最近接原子の作る正四面体の中央にあるが、これらの正四面体は方向が異なるため並進対称性を満足せず、単位格子にはならない。表 2-2 に代表的な半導体のディメンションを示す。また、表にはこれから計算される単位体積当たりの原子数を示している。1cm^3 の中に $10^{22}\sim 10^{23}$ 個というきわめて多量な原子が存在していることがわかる。

表 2-2　代表的な半導体のディメンション

物質	d Å	b Å	a Å	h Å	S Å^2	V Å^3	原子数 cm^{-3}
Si	5.4307	2.35	3.84	3.14	6.39	6.67	$4.99\cdot 10^{22}$
GaAs	5.6534	2.45	4.00	3.26	6.92	7.53	$4.43\cdot 10^{22}$
SiC	4.3680	1.89	3.09	2.52	4.13	3.47	$9.60\cdot 10^{22}$

3. ミラー指数

一般に、並進ベクトル $\boldsymbol{a}_1$、$\boldsymbol{a}_2$、$\boldsymbol{a}_3$ の各方向の格子定数を a、b、c として、原子面が結晶軸を切りとる点が

$$pa,\ qb,\ rc \qquad (p,\ q,\ r\ \text{は整数}) \tag{2.5}$$

とするとき、

$$h : k : l = \frac{1}{p} : \frac{1}{q} : \frac{1}{r} \quad (2.6)$$

となる最小の整数の組をミラー指数（Miller indices）という。これを（132）などと書いて結晶面を指定する。

立方晶系では立方単位格子を選ぶことによって各ベクトルを x, y, z 軸に合わせることができ、直感に訴えやすくなる。よく使われる面方位に（100）、（110）、（111）がある。それぞれ立方単位格子の表面、1表面の

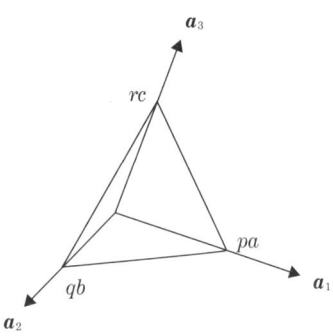

図2-5　ミラー指数

対角線を含んで面に垂直に切断する面、および1頂点から最短距離にある3つの頂点を含む面に相当する。

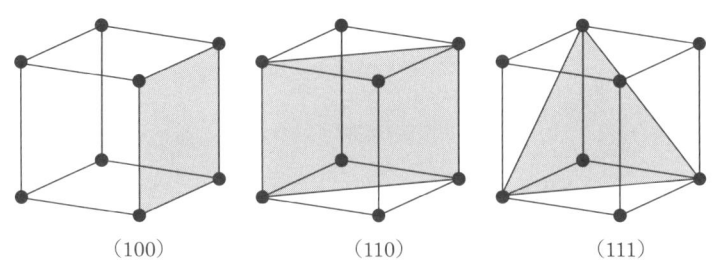

図2-6　立方晶系の代表的ミラー指数

面心立方格子を構成する原子を（111）面上に並べてみると図2-7に示すように細密充填構造となっていることがわかる。左の図は原子の半径を原子間距離の1/2にとって、細密充填となっていることをわかりやすく示している。一方、右の図は原子配列を見やすくするため原子を小さく描いている。細密充填構造で第3層目を並べる方法は2通りあって、1層目の原子と同じ位置にある窪みの上に置く方法と、もう1つの別の窪み上に配置する方法である。前者が六方晶系であり A、B、A、B と2層ごとの繰り返しになっている。これに対して面心立方格子では A、B、C、A、B、C のように3層の繰り返しで各層が並んでいる。

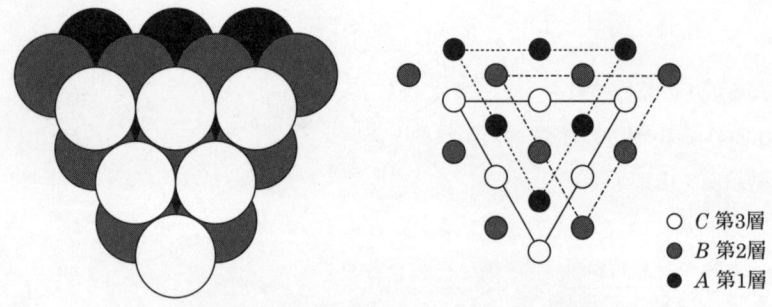

図2-7 面心立方格子の (111) 面上での原子配置

4. 逆格子ベクトル

基本並進ベクトルを $a=(a_1, a_2, a_3)$ として次式で定義されるベクトル b を逆格子 (reciprocal lattice) ベクトルという。

$$\begin{aligned} a_i \cdot b_j = \delta_{ij} &= 0 \quad i \neq j \\ &= 1 \quad i = j \end{aligned} \quad (2.7)$$

具体的に書けば、

$$b_1 = \frac{a_2 \times a_3}{a_1 \cdot (a_2 \times a_3)} \quad (2.8)$$

$$b_2 = \frac{a_3 \times a_1}{a_2 \cdot (a_3 \times a_1)} \quad (2.9)$$

$$b_3 = \frac{a_1 \times a_2}{a_3 \cdot (a_1 \times a_2)} \quad (2.10)$$

である。すなわち、b_1 は a_2、a_3 に垂直で大きさが $1/(a_1\cos\theta_1)$ のベクトルとなる。ここに、θ_1 は a_1 と $a_2 \times a_3$ のなす角度である。なお、分母の $a_1 \cdot (a_2 \times a_3)$ などは基本格子の体積となっている。単純立方格子では x、y、z 方向にそれぞれ長さ $1/d$ のベクトルとなる。

基本並進ベクトルが (2.2) ～ (2.4) 式で与えられる面心立方格子の場合には、逆格子ベクトルは

$$\boldsymbol{b}_1 = (1/d)(1, -1, -1) \tag{2.11}$$

$$\boldsymbol{b}_2 = (1/d)(1, 1, 1) \tag{2.12}$$

$$\boldsymbol{b}_3 = (1/d)(-1, -1, 1) \tag{2.13}$$

となる。これは体心立方格子の基本並進ベクトルである。すなわち、面心立方格子の逆格子は体心立方格子となる。

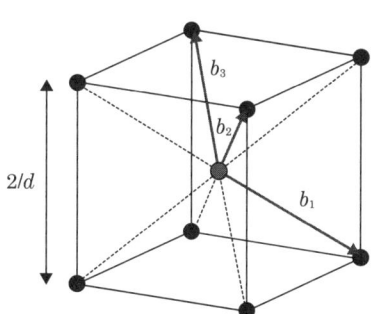

図2-8 面心立方格子の逆格子

5. ブラッグ反射

格子定数はX線の波長に近く、結晶はX線を回折し独特のパターンを形づくる。これを解析することによってその物質の結晶構造を知ることができる。これをブラッグ(Bragg)反射、あるいはブラッグ回折と呼ぶ。

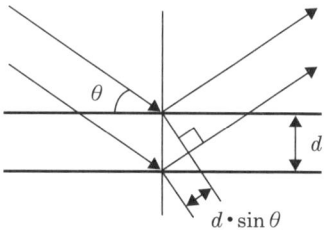

図2-9 2つの結晶面からのブラッグ反射の光路差

2つの結晶面からの反射はその入射角によって異なる行路差を示す。両者が強め合うときブラッグ反射が起こるので、行路差は波長の整数倍となる。したがって、

$$2d \cdot \sin\theta = n\lambda$$

$$\therefore 2k \cdot \sin\theta = 2\pi n/d \tag{2.14}$$

これをブラッグの条件という。

g を逆格子点間を結ぶベクトルの 2π 倍とすると

$$g = 2\pi(n_1\boldsymbol{b}_1 + n_2\boldsymbol{b}_2 + n_3\boldsymbol{b}_3) \tag{2.15}$$

入射波の波数を $\boldsymbol{k}$、反射波の波数を $\boldsymbol{k}'$ とすると (2.14) 式の左辺は $|\boldsymbol{k}'-\boldsymbol{k}|$ である。一次元結晶では $|\boldsymbol{g}| = 2\pi n/d$ となって、ブラッグ条件の右辺を与えることがわかる。

一般に、ブラッグ反射の条件は

$$\boldsymbol{k}' - \boldsymbol{k} = \boldsymbol{g} \tag{2.16}$$

で与えられる。

$$k^2 = k'^2 \tag{2.17}$$

であるから

$$k^2 = (\boldsymbol{k}+\boldsymbol{g})^2$$
$$\therefore 2\boldsymbol{k}\cdot\boldsymbol{g} + g^2 = 0 \tag{2.18}$$

あるいは

$$\left(\boldsymbol{k} + \frac{\boldsymbol{g}}{2}\right)\cdot\boldsymbol{g} = 0 \tag{2.19}$$

これは $\boldsymbol{g}$ を垂直2等分する面上に $\boldsymbol{k}$ の始点があることを意味する。$\boldsymbol{k}$、$\boldsymbol{k}'$、$\boldsymbol{g}$ の関係を図示したものが図 2-10 である。

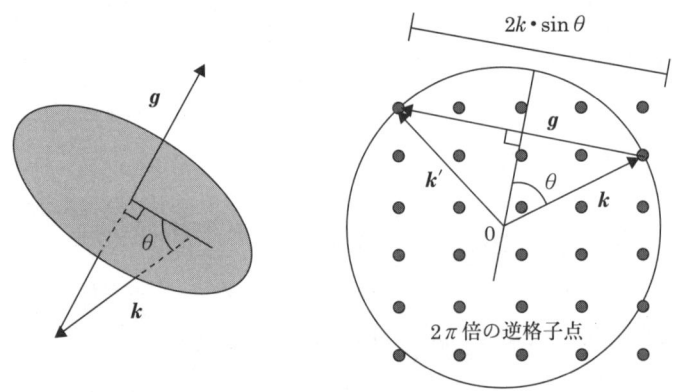

図 2-10 ブラッグの回折条件

演習問題

1. 格子定数が5Åのダイヤモンド格子がある。ボンドの長さ（最短原子間距離）を求めよ。
2. GaAsの格子定数は5.65Åである。1cm³中に含まれる原子数（GaおよびAsの数）はいくらか。またアボガドロ数を$6 \cdot 10^{23}$/mole、Ga、Asの原子量をそれぞれ70、75とするとGaAsの密度はいくらか。
3. Siの格子定数は5.4Åである。Siの、それぞれ（100）、（110）、（111）面上にある原子の面密度を求めよ。
4. 体心立方格子の基本格子ベクトルとその逆格子ベクトルを求めよ。

第3章

エネルギー帯

1. 原子と結晶

原子は、電子が原子核の作る静電ポテンシャル

$$V = -\frac{U}{e} = \frac{e}{4\pi\varepsilon_0 r} \tag{3.1}$$

の場の中を運動している。ここに U は電子のポテンシャルエネルギーである。したがってシュレーディンガーの波動方程式は

$$\left(\frac{\partial^2}{\partial x^2} + \frac{\partial^2}{\partial y^2} + \frac{\partial^2}{\partial z^2}\right)\phi + \frac{2m}{\hbar^2}\left(E + \frac{e^2}{4\pi\varepsilon_0 r}\right)\phi = 0 \tag{3.2}$$

となる。原子核を原点とする球対称性を持っているので、極座標表示すると、

$$\left(\frac{1}{r^2}\frac{\partial}{\partial r}\left(r^2\frac{\partial}{\partial r}\right) + \frac{1}{r^2\sin^2\theta}\frac{\partial}{\partial \theta}\left(\sin\theta\frac{\partial}{\partial \theta}\right) + \frac{1}{r^2\sin^2\theta}\frac{\partial^2}{\partial \phi^2}\right)\phi$$

$$+ \frac{2m}{\hbar^2}\left(E + \frac{e^2}{4\pi\varepsilon_0 r}\right)\phi = 0 \tag{3.3}$$

この解を

$$\phi(r, \theta, \phi) = R(r) \cdot \Theta(\theta) \cdot \Phi(\phi) \tag{3.4}$$

とおいて (3.3) 式に代入すると

$$\frac{d^2\Phi}{d\phi^2} + M^2\Phi = 0 \tag{3.5}$$

$$\frac{1}{\sin\theta}\frac{d}{d\theta}\left(\sin\theta\frac{d\Theta}{d\theta}\right) - \left(C + \frac{M^2}{\sin\theta}\right)\Theta = 0 \tag{3.6}$$

$$\frac{d^2R}{dr^2} + \frac{2}{r}\frac{dR}{dr} + \left(\frac{2mE}{\hbar^2} + \frac{me^2}{2\pi\varepsilon_0\hbar^2 r} + \frac{C}{r^2}\right)R = 0 \tag{3.7}$$

の3式に分離できる。ここにCおよびMは定数である。数学的な議論となり説明は他書に譲るが、境界条件から

$$M = 0, \pm 1, \pm 2, \cdots\cdots \tag{3.8}$$

$$C = -L(L-1) \quad ; \quad L = 0, 1, 2, \cdots\cdots, L \leq |M| \tag{3.9}$$

$$\frac{e^2}{4\pi\varepsilon_0\hbar}\sqrt{-\frac{m}{2E}} = N' + L + 1 \quad ; \quad N' = 0, 1, 2, \cdots\cdots \tag{3.10}$$

が得られる。(3.10) 式を書きなおすと

$$E = -\frac{me^4}{32\pi^2\varepsilon_0^2\hbar^2}\frac{1}{N^2} \quad ; \quad N = N' + L + 1 \tag{3.11}$$

となって、飛び飛びのエネルギー値を持つことになる。Nを主量子数 (principal quantum number)、Lを方位 (azimuthal) 量子数、Mを磁気 (magnetic) 量子数という。

それぞれの量子数は以下のような値をとることができる。

  主量子数 $N = 1, 2, 3, \cdots\cdots$
  方位量子数 $L = 0, 1, 2, \cdots\cdots, N-1$ (N個)
  磁気量子数 $M = -L, -L+1, \cdots\cdots, -1, 0, 1, \cdots\cdots, L$ ($2L+1$個)

主量子数で決まる軌道を殻 (shell) といい、$N=1$、2、3に対応する殻をそれぞれK殻、L殻、M殻という。また、方位量子数$L=0$、1、2に対応してs、p、d軌道などと呼ぶ。また主量子数を数で、方位量子数を記号で書き、$1s$、$2p$、$3d$などと準位を表記することもある。

 フェルミ粒子 (Fermion) である電子はスピンも含めて1つの量子状態に1つの電子しか入れない。これをパウリの排他律 (Pauli's exclusion principle) あるいはパウリの原理という。これに対し光子 (第9章2節参照) などのボーズ粒子 (Boson) は1準位にいくつでも入ることができる。1つの準位はスピンの異なる2つの電子を収容するから、K殻には2個、L殻には8個、M殻には18個の電子が入り得る。電子は低いエネルギーの準位から埋めていき、殻がすべて電子で満たされると化学的に安定となる。K殻を満たしたHe原子の電子配置をヘリウムコア、L殻を満たすそれをネオンコアという。M殻は$3p$まで満たした配置をアルゴンコアという。M殻で若干不規則になるのは、電子

間の相互作用のために4s準位のほうが、3d準位よりエネルギーが低くなるためである。半導体の代表のSiは3sまですべての準位を満たし、さらに3pに2つの電子が入っている。総計14個でArコアを満たすには4つ電子が足りない。

表3-1 各準位の量子数と収容電子数

準位	殻	主量子数 N	方位量子数 L	磁気量子数 M の数	収容電子数	殻中の電子数 $2N^2$
1s	K殻	1	0	1	2	2
2s	L殻	2	0	1	2	8
2p			1	3	6	
3s	M殻	3	0	1	2	18
3p			1	3	6	
3d			2	5	10	

Arコア（電子数：18個）

2つの原子が接近すると間のポテンシャルが低下する。エネルギーの低い内殻電子はほとんど影響を受けないが、ポテンシャルの上端に近いエネルギーの最外殻電子は相互作用し、そのエネルギーは結合性軌道と反結合性軌道に対応する2本のエネルギー

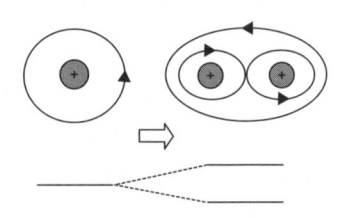

図3-1　2つの原子が接近したときの軌道およびエネルギー準位分裂の模式図

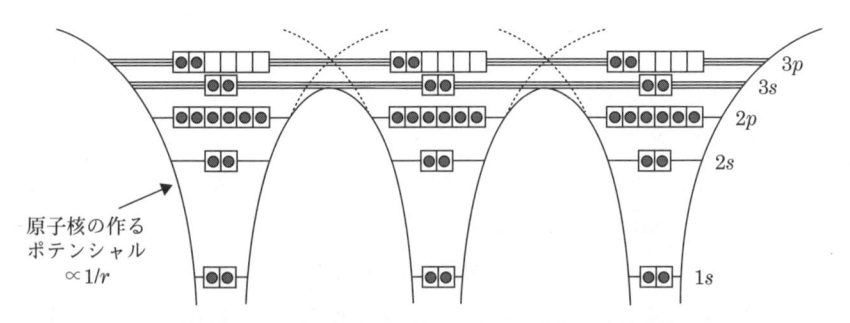

図3-2　Siの電子配置と接近したときの準位分裂模式図

線に分裂する。3つの原子なら3本に分裂する。

結晶は1cm³当たり5・10²²個ほどの大量の原子からなり、無数の軌道に分裂する。このため、これら準位のエネルギー間隔は非常に狭く、事実上連続的なエネルギーの帯（バンド）となる。

2. クローニッヒ‐ペニーの模型

結晶中では原子配列の並進対称性から電子は周期的なポテンシャルの変化を感じることになる。実際には三次元で複雑な形の周期ポテンシャルであるが、図3-3に示す簡単な一次元の矩形ポテンシャルによる近似で、電子のエネルギー状態の本質を理解することができる。これをクローニッヒ‐ペニー（Kronig-Penny）の模型という。

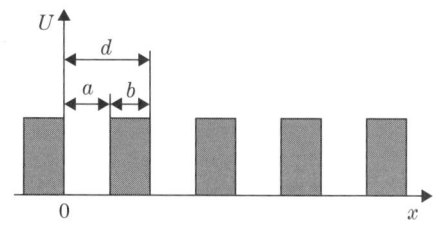

図3-3 クローニッヒ‐ペニーの模型におけるポテンシャル

シュレーディンガーの方程式

$$\frac{d^2\phi}{dx^2}+\frac{2m}{\hbar^2}(E-U)\phi=0 \tag{3.12}$$

は、ポテンシャルが周期 $d=a+b$ で変わる。すなわち

$$U(x)=U(x+d) \tag{3.13}$$

一般に、ポテンシャルが周期 d で変わるとき

$$\phi=\exp(ikx)\cdot u(x) \tag{3.14}$$

の解を持つことが知られている。この形の関数をブロッホ関数（Bloch function）という。ここで $u(x)$ はやはり d の周期関数で

$$u(x)=u(x+d) \tag{3.15}$$

である。a の領域で $U=0$、b の領域で $U=U_0$ とし、(3.12) に代入すると

$$a\text{領域}：\frac{d^2u}{dx^2}+2ik\frac{du}{dx}+(\alpha^2-k^2)u=0 \tag{3.16}$$

b 領域：$\dfrac{d^2u}{dx^2}+2ik\dfrac{du}{dx}-(\beta^2+k^2)u=0$ \hfill (3.17)

ただし、

$$\alpha^2=\dfrac{2m}{\hbar^2}E \hfill (3.18)$$

$$\beta^2=\dfrac{2m}{\hbar^2}(U_0-E) \hfill (3.19)$$

これらの解は

a 領域：$u(x)=A\cdot\exp(i(\alpha-k)x)+B\cdot\exp(i(\alpha+k)x)$ \hfill (3.20)

b 領域：$u(x)=C\cdot\exp((\beta-ik)x)+D\cdot\exp(-(\beta+ik)x)$ \hfill (3.21)

となる。境界条件

$x=0$ で滑らかに連続

$u(x)$ は d の周期関数（微分も）

から4つの式が得られ、定数 A、B、C、D が求まる。0でない解が得られる条件から

$$\dfrac{(\beta^2-\alpha^2)}{2\alpha\beta}\sinh(\beta b)\sin(\alpha a)+\cosh(\beta b)\cos(\alpha a)=\cos(kd) \hfill (3.22)$$

の関係が得られる。左辺はエネルギー E の関数である。これを $F(E)$ として下図に示す。$|\cos(kd)|\leq 1$ であるから、解のない、したがって、電子のとり得ないエネルギー領域のあることが知られる。

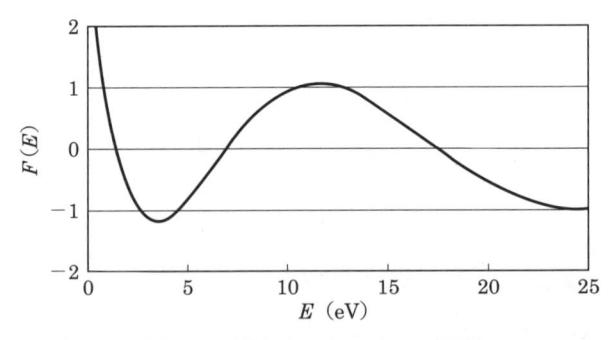

図3-4　$F(E)$ とエネルギーEの関係

3. エネルギー帯、許容帯、禁制帯

E と k の関係を具体的に図示すると図 3-5 のようになる。電子のとり得るエネルギー帯（エネルギーバンド）を許容帯（allowed band）、とり得ないエネルギー帯を禁制帯（forbidden band）と呼ぶ。

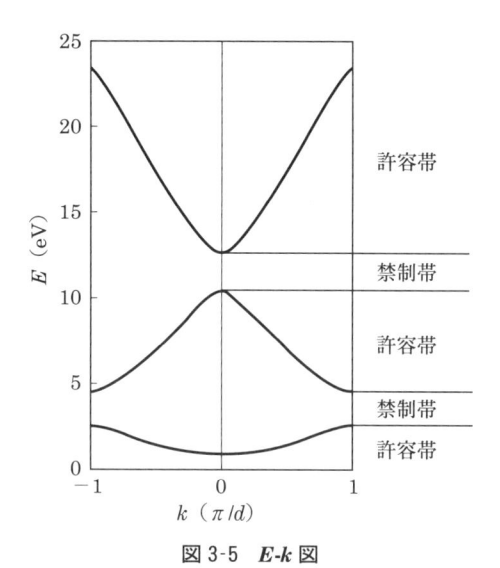

図 3-5　**E-k 図**

許容帯の各バンドには、原子数を G とすると、$2G$ 個の電子が入る。これは以下のように証明される。結晶の一部の長さを L とする。この中に G 個の原子が入っており、これが無限に連なっているとする。周期 L の並進対称性を得るから、ブロッホの定理から

$$\phi = \exp(ikx) \cdot u(x) \tag{3.23}$$

$$u(x) = u(x+L) \tag{3.24}$$

である。

$$\phi(x) = \exp(ikx) \cdot u(x) = \exp(ik(x+L)) \cdot u(x+L) = \phi(x+L) \tag{3.25}$$

の関係から

$$\exp(ikL)=1$$
$$\therefore k=\frac{2\pi}{L}n=\frac{2\pi}{G\cdot d}n \tag{3.26}$$

1つのエネルギー帯にあるkの数は

$$\int dn = \int_{-\pi/d}^{\pi/d} \frac{L}{2\pi} dk = \frac{L}{2\pi}\frac{2\pi}{d} = G \tag{3.27}$$

1つのエネルギー準位はスピンの異なる2つの電子を収容できるため、1バンド内には$2G$個の電子が入り得る。すなわち1原子当たり2つの電子が1バンド内に入る。

4つの最外殻電子を持つSiの場合2つのバンドが満たされる。バンドが完全に満たされると、外部電界をかけても電子のエネルギー状態は変わりようがないので電流は流れない。このことから偶数価原子からなる結晶は絶縁体に、奇数価原子からなるものは導体になるという一般則が成り立つ。Siの価電子は偶数個である。したがって、Siはエネルギー構造的には導体ではなく、絶縁体の仲間である。

4. ブリルアンゾーン

前節ではkのとり得る範囲を$-\pi/d$からπ/dに限った。$\cos(kd)$は$2\pi n$をkdに±しても値は変わらない。

$$kd+2\pi n = d(k+(2\pi/d)n) \tag{3.28}$$

すなわち、kを$(2\pi/d)$の整数倍だけ動かしてもEとkの関係は変化しない。波数kの波動関数は

$$\phi = \exp(ikx)\cdot u(x) \tag{3.29}$$

また、波数$k+2\pi n/d$のそれは

$$\phi = \exp(i(k+2\pi n/d)x)\cdot u(x) = \exp(ikx)\cdot u(x)\exp(i2\pi nx/d)$$
$$= \exp(ikx)\cdot u'(x) \tag{3.30}$$

となり、$u'(x)$もdの周期性を持つ。すなわち波数kの波動関数ともみなせる。Eの不連続は

$$k = (\pi/d) \cdot n \quad ; \quad n = \pm 1, \pm 2, \cdots\cdots \tag{3.31}$$

で起こる。不連続点（三次元では不連続面）で境界を区切って、$-\pi/d \sim \pi/d$ を第1ブリルアンゾーン（Brillouin zone）、両側の次の領域を第2ブリルアンゾーン、さらにその外側を第3ブリルアンゾーンなどという。以上のことから k として第1ブリルアンゾーン内だけに限って議論を進めることができる。これを還元区域方式という。これに対しエネルギー E を k の1価関数になるように選ぶ方法を拡大区域方式という。

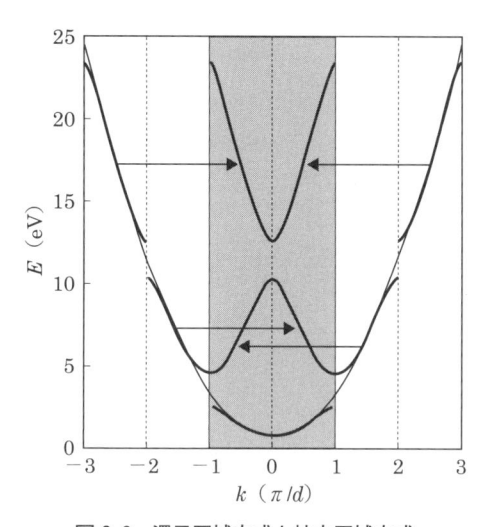

図3-6　還元区域方式と拡大区域方式

ブリルアンゾーンの境界は、ブラッグ反射の式

$$2d \cdot \sin\theta = n\lambda \tag{3.32}$$

の $\theta = 90$ 度に相当する。すなわち、

$$2d = n(2\pi/k)$$

$$\therefore k = n(\pi/d) \tag{3.33}$$

である。これは波数 $k = \pi/d$ の波がブラッグ反射を受け、逆格子ベクトル $g = -2\pi/d$ が加えられて $k' = k + g = -\pi/d$、すなわちブリルアンゾーンの反対側に出現することを意味している。ブリルアンゾーンの境界でエネルギーが2値を

とるのはブラッグ反射により定在波ができるためである。結晶面（原子の位置）で反射される波が、元の波を $\exp(ikx)$ とすると、$\exp(-ikx)$ となる場合と、180度位相を変え $\exp(-ikx+i\pi)=-\exp(-ikx)$ となる場合がある。前者の作る定在波は原子位置で最大存在確率を与え、後者は0となる。ポテンシャルの低い原子位置に存在するとエネルギーは低く、ポテンシャルの高い中間位置に存在する定在波は平均ポテンシャル

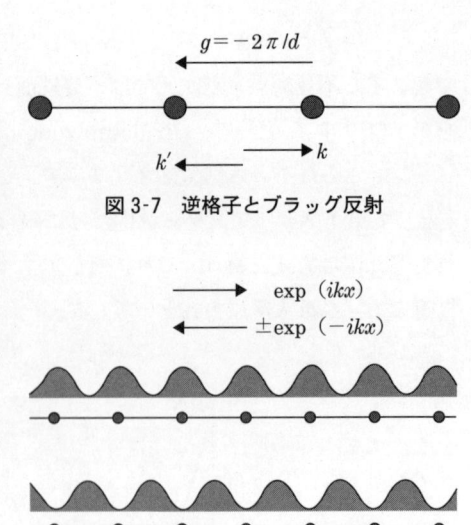

図3-7 逆格子とブラッグ反射

図3-8 原子位置と電子の定在波

を感じる進行波よりもエネルギーが高くなる。このため $k=\pi/d$ では通常の進行波に比べてエネルギーが高いものと低いものの2つに分裂する。これがバンド不連続の起源である。

5. 有効質量

粒子の速度は

$$v_g = dE/d\bm{p} = (1/\hbar)dE/d\bm{k} \tag{3.34}$$

$$\therefore dE/dv_g = mv_g = d\bm{p}/dv_g \cdot v_g$$
$$\bm{p} = \hbar\bm{k}$$

加速度は

$$\frac{dv_g}{dt} = \frac{1}{\hbar}\frac{d(dE/d\bm{k})}{dt} = \frac{1}{\hbar}\frac{d^2E}{d\bm{k}^2}\frac{d\bm{k}}{dt} \tag{3.35}$$

外部電界 E が微小時間 dt の間加わったときの運動量の変化は

$$d\bm{p} = -e\bm{E}dt \tag{3.36}$$

したがって、

$$\frac{d\boldsymbol{k}}{dt} = -\frac{e}{\hbar}\boldsymbol{E}$$

$$\therefore \frac{d\boldsymbol{v}_g}{dt} = -\frac{1}{\hbar^2}\frac{d^2E}{d\boldsymbol{k}^2}e\boldsymbol{E} \qquad (3.37)$$

これを自由空間の電子の方程式

$$\frac{d\boldsymbol{v}_g}{dt} = -\frac{1}{m}e\boldsymbol{E} \qquad (3.38)$$

と比較すると

$$m^* = \frac{\hbar^2}{d^2E/d\boldsymbol{k}^2} \qquad (3.39)$$

これを有効質量（effective mass）または実効質量という。すなわち周期ポテンシャル中を運動する電子は、質量が m^* の自由電子の様に振る舞う。

ブリルアンゾーンの境界付近（π/d あるいは $-\pi/d$ 付近）の電子は、$-x$ 方向に電界 E がかかると、力は $+x$ 方向に加わり $\boldsymbol{k}$ が増加する。$\boldsymbol{k}$ の増加に伴い $\boldsymbol{v}_g = (1/\hbar)\cdot dE/d\boldsymbol{k}$ が減る。マイナス方向、すなわち力と反対方向に加速度が働くから質量は負である。

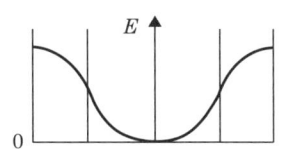

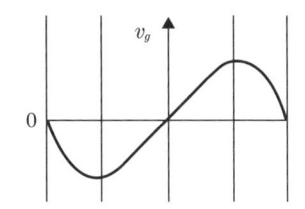

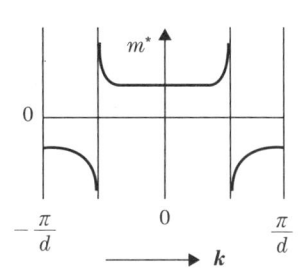

図3-9 バンドの曲りと速度、有効質量

6. ホール（正孔）

バンドが満ちているとき、電流は流れないから

$$\boldsymbol{J} = -e\sum_k \boldsymbol{v}_k = 0 \qquad (3.40)$$

（長さ L に G 個の原子が入ると、k の数は $(2\pi/d)/(2\pi/L) = L/d = G$、スピンを考慮するとバンド内電子数は $2G$。したがって実際の電流密度はこの2倍になる。）$\boldsymbol{v}_B$ の速度を持つ電子の席を1つ空けると

$$J=-e\sum_k \boldsymbol{v}_k-(-e)\boldsymbol{v}_B=(+)e\boldsymbol{v}_B \tag{3.41}$$

すなわち電子の運ぶ電流とは逆方向に電流が流れる。電子の抜けた孔を粒子と見立てると、電子と同じ大きさ、しかし反対符号の電荷を持つものとなる。これをホール (hole) あるいは正孔という。

波数 k を合計すると、

$$\sum \boldsymbol{k}=0 \tag{3.42}$$

1つ開けると

$$\boldsymbol{k}'=\sum \boldsymbol{k}-\boldsymbol{k}_B=-\boldsymbol{k}_B \tag{3.43}$$

すなわちホールの波数は元の電子の波数に対して大きさが同じで反対の符号を持つ波数となる。また、電子のエネルギー図で下方（エネルギー減少の方向）にホールが移動することは、電子が上方に移動することに対応するので、系のエネルギーは増加する。すなわちエネルギーの増減も電子とは逆符号となる。マイナス方向の電界を印加するとすべての電子が k を増すとき、ホールのあるべき位置にある電子もまた同一方向に k を増加させる。したがって反対符号となるホールの k は絶対値を増し符号が反転して減少する。このとき $\boldsymbol{v}_g=(1/\hbar)(-dE/d\boldsymbol{k})$ は減少する（電子とエネルギー増減が反対なので $-dE/d\boldsymbol{k}$ としている）。すなわちマイナス方向に加速度がかかる。ホールは正の電荷を持つことにしたから、力の方向に加速度がかかることになり質量は正となる。したがって、ホールは正の電荷を持ち、正の質量を持った粒子である。

7. 実際のバンド構造

三次元の場合、面心立方格子の対称性を持つ Si や GaAs は図 3-10 のような第1ブリルアンゾーンの形となり体心立方格子の逆格子点を2等分する面で囲まれている。これはブラッグ反射のとき、k は g を垂直2等分する面上に始点を持つことによる。$k=0$ の点を Γ 点という。L 点は (111)、X 点は (100) 方向の隣の逆格子点との中点であり、それぞれ六角形、正方形の垂直2等分面の

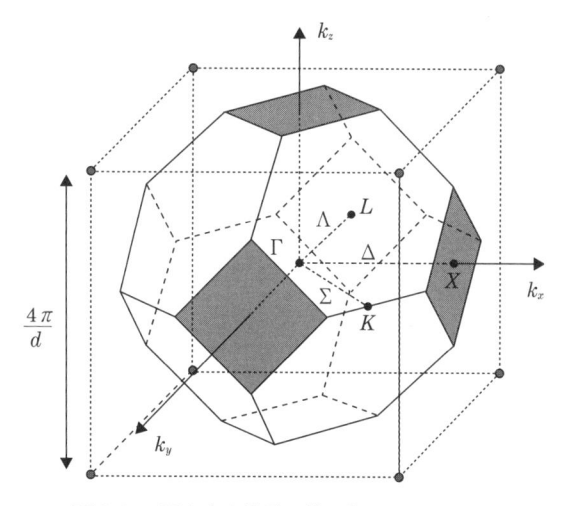

図3-10 面心立方格子の第1ブリルアンゾーン

中心にある。またK点は(110)方向のブリルアンゾーン端で、六角形の面が接する稜の中点となる。Γ点からL、X、K点に向かう方向をΛ、Δ、Σの記号を用いて表す。

　実際のSiおよびGaAsのバンド図を図3-11に示す。それぞれの方向によって対称性が異なるため、E-k曲線の形が異なってくる。下から2番目のバンドは、実は3つのバンドからなっている。Γ点で縮退（同じエネルギーを持つこと）しているこれらのバンドは、Γ点から外れると方向によって2つ、あるいは3つに分裂する。また、GaAsでは1つのバンドはスピン－軌道相互作用のためΓ点でも縮退が解かれている。

　このように三次元では一次元に比べてバンドの数も増えているが、1つのバンドに1原子当たり2つの電子を収容する事情は一次元と変わりがない。このことは面心立方格子の原子数と図3-10に示した第1ブリルアンゾーン中のkの数を計算することによって確認できる。Siでは1つの基本格子中には2個の原子があるから合計8つの最外殻電子を含んでいる。したがって、下から2番目（のグループ）までのすべてのバンド埋めることになる。

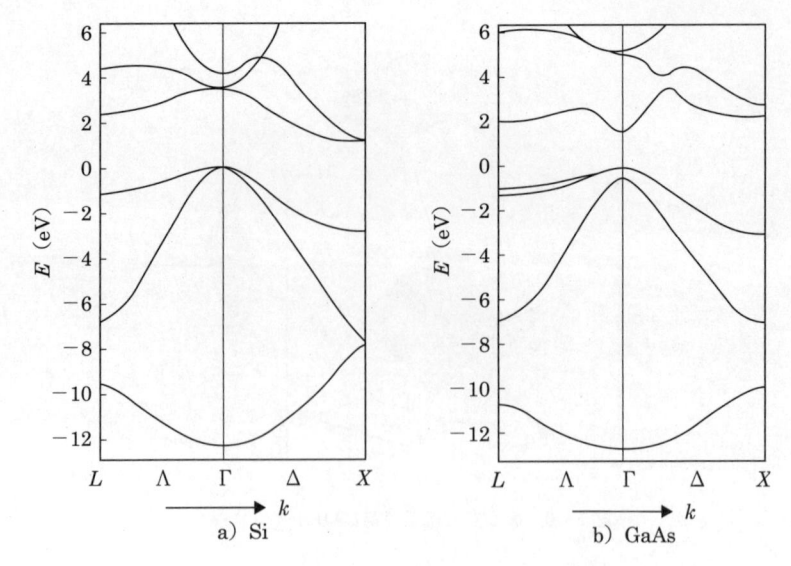

図 3-11 実際のSiおよびGaAsのバンド構造

演習問題

1. 物質が導体となるか絶縁体となるかを決める基本的メカニズムを説明せよ。
2. 電子が抜けホールができるとき、ホールが元の電子に対して符号を変えるものは次のうちどれか。

    電荷、質量、波数、運動量、エネルギーの増減

3. 伝導帯（上のバンド、次章参照）のエネルギーが

$$E_c = \frac{\hbar^2 k^2}{3m_0} + \frac{\hbar^2 (k-k_m)^2}{m_0}$$

価電子帯（下のバンド、次章参照）のエネルギーが

$$E_v = \frac{\hbar^2 k_m^2}{6m_0} - \frac{3\hbar^2 k^2}{m_0}$$

で与えられるとする。ここに $k_m = \pi/d$ で、格子定数 d は 2.35Å とする。このとき次の値を求めよ。

   a) 最小バンド間エネルギー差（禁制帯幅）
   b) 伝導帯下端にある電子の有効質量
   c) 価電子帯上端にある電子の有効質量
   d) 伝導帯下端にある電子が価電子帯上端に遷移したときの運動量変化

第4章

半導体

1. 真性半導体

SiやGeなど4族の元素半導体は最外殻に4つの電子を持つ。GaAsなどのⅢ-Ⅴ族半導体も3つおよび5つの最外殻電子を持つ原子の組み合わせであるから、平均して4つの最外殻電子を持つことになる。このため下から2番目のバンドまで電子で満たされる。これを、価電子帯（valence band）あるいは充満帯と呼ぶ。また、その上に位置するバンドを伝導帯（conduction band）あるいは導電帯と呼ぶ。通常半導体の電気伝導に寄与する電子はこれら2つの

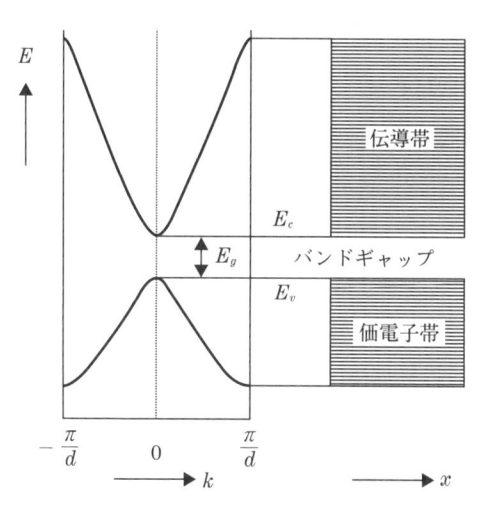

図4-1 伝導帯と価電子帯

バンド内にある電子であるため、今後はそのほかの無関係のバンドの存在は考慮から外すことにする。価電子帯と伝導帯の間に位置する禁制帯の幅をバンドギャップ（band gap）という。伝導帯下端のエネルギーをE_c、価電子帯上端をE_vとかくとバンドギャップE_gは

$$E_g = E_c - E_v \tag{4.1}$$

である。E_gは物質に固有の値である。これが十分大きな物質では前章で見たように価電子帯が完全に電子で埋まり、一方、伝導帯には電子はないから電流は流れない。すなわち絶縁体である。

ところがE_gが比較的小さな物質では、温度Tの熱エネルギーのために一部の電子が伝導帯にも分布するようになる。伝導帯に上がった電子の数だけ価電子帯にはホールが残される。伝導帯の電子および価電子帯のホールは電荷を運ぶことができ、物質はある程度の導電性を持つことになる。これが半導体である。

伝導帯の電子および価電子帯のホールは電荷を運ぶので、これらをまとめてキャリヤ（carrier）と呼ぶ。これらの数は、バンドの1/2を占める導体の電子数に比べて遙かに少ない。このため半導体の抵抗率は導体よりも何桁も高くなるわけである。

フェルミ粒子である電子はフェルミ‐ディラック（Fermi-Dirac）統計に従う。エネルギーEの状態を電子が占有する確率は

$$f(E) = \frac{1}{1 + \exp\left(\dfrac{E - E_f}{kT}\right)} \tag{4.2}$$

で与えられる（付録4参照）。ここにE_fはフェルミエネルギー（フェルミレベル）、この分布をフェルミ分布という。図4-2にフェルミ分布の形を示すが、これは半導体中のキャリヤ数を決めるきわめて重要な関数である。絶対0度、すなわち$T=0$では完全にステップ状となり、エネルギーがE_fを超えると0、以下では1となる。すなわち電子はE_fまでのエネルギー準位を100%埋め、これより上のエネルギー準位にはまったく分布しない。温度が上がると分布関数の肩に丸みを生じ、E_fより若干高いエネルギーにも電子が分布するようにな

る。反対にE_fより若干低いエネルギー準位では電子の空き、すなわちホールができる。さらに高温になるとだらだらとした分布となり、E_fからかなり離れたエネルギーにも電子、ホールが分布することになる。(4.2)式から明らかなように、フェルミレベルにおける分布関数$f(E_f)$は温度によらず常に0.5となる。

$(E-E_f) \gg kT$のとき、分母の1は無視できて

$$f(E) = \frac{1}{\exp\left(\dfrac{E-E_f}{kT}\right)} = \exp\left(\dfrac{E_f - E}{kT}\right) \tag{4.3}$$

これはボルツマン（Boltzmann）分布であり、古典分布とも呼ばれてしばしば近似式として使われる。フェルミ粒子に対して光子などのボーズ粒子はボーズ‐アインシュタイン（Bose-Einstein）統計に従い、

$$f(E) = \frac{1}{\exp\left(\dfrac{E-E_f}{kT}\right) - 1} \tag{4.4}$$

の分布関数となる。これも$(E-E_f) \gg kT$のときは同じくボルツマン分布になる。

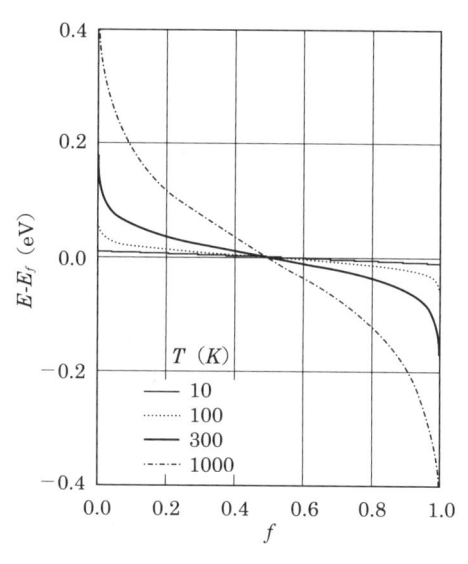

図4-2　フェルミ分布関数

キャリヤ密度は状態密度と分布関数の積であるから、エネルギー範囲 $E \sim E+dE$ において

$$n(E)dE = \rho(E) \cdot f(E)dE \tag{4.5}$$

となる。伝導帯最下部と価電子帯最上部はほぼ自由電子に似て $E \propto k^2$ となるから状態密度は (1.36) 式と同様の式で与えられる。ただし質量には有効質量を使う。

$$\rho_c(E)dE = \frac{1}{2\pi^2}\left(\frac{2m_e^*}{\hbar^2}\right)^{\frac{3}{2}}\sqrt{E-E_c}\,dE \tag{4.6}$$

価電子帯のホールも同様に

$$\rho_v(E)dE = \frac{1}{2\pi^2}\left(\frac{2m_h^*}{\hbar^2}\right)^{\frac{3}{2}}\sqrt{E_v-E}\,dE \tag{4.7}$$

したがって伝導帯の電子密度は伝導帯の最上部エネルギーを E_{ct} として

$$n = \int_{E_c}^{E_{ct}} \rho_c(E)f(E)dE = \frac{1}{2\pi^2}\left(\frac{2m_e^*}{\hbar^2}\right)^{\frac{3}{2}}\int_{E_c}^{E_{ct}}\frac{\sqrt{E-E_c}}{1+\exp((E-E_f)/kT)}dE \tag{4.8}$$

ボルツマン近似を用い、また E_{ct} では $f(E)=0$ であり積分の上限を無限大にしても変わらない。したがって

$$n = \frac{1}{2\pi^2}\left(\frac{2m_e^*}{\hbar^2}\right)^{\frac{3}{2}}\int_{E_c}^{\infty}\sqrt{E-E_c}\exp\left(\frac{-(E-E_f)}{kT}\right)dE \tag{4.9}$$

$x=E-E_c$、$a=1/kT$、$n=1/2$ として、定積分の公式

$$\int_0^{\infty} x^n e^{-ax}dx = \frac{\Gamma(n+1)}{a^{n+1}} \quad ; \quad a>0, n>-1 \tag{4.10}$$

および

$$\Gamma\left(\frac{3}{2}\right) = \frac{1}{2}\Gamma\left(\frac{1}{2}\right) = \frac{\sqrt{\pi}}{2} \tag{4.11}$$

を用いて式を計算すると、

$$n = N_c \cdot \exp\left(\frac{E_f-E_c}{kT}\right) = N_c \cdot f(E_c) \tag{4.12}$$

$$N_c = 2\left(\frac{m_e^*kT}{2\pi\hbar^2}\right)^{\frac{3}{2}} \tag{4.13}$$

単位 $[N_c] = [({\rm kgJ/(Js)^2})^{3/2}] = [1/{\rm m}^3]$

となる。(4.12) 式は伝導帯の電子をすべてその下端に集めたのと同じ形をしている。N_c を等価状態密度という。$m^* = m_0$ のとき $300K$ では約 $2.5 \cdot 10^{19}/{\rm cm}^3$ となる。

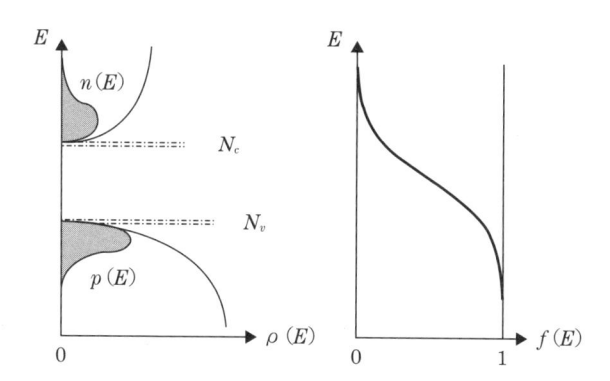

図4-3 電子、ホールの分布と等価状態密度

価電子帯のホールについては

$$f_h = 1 - f_e \tag{4.14}$$

$$f_h(E) = 1 - \frac{1}{1 + \exp\left(\dfrac{E - E_f}{kT}\right)} = \frac{1}{1 + \exp\left(\dfrac{E_f - E}{kT}\right)} \tag{4.15}$$

であるから、m^* にホールのそれを用いて

$$p = N_v \cdot \exp\left(\frac{E_v - E_f}{kT}\right) \tag{4.16}$$

$$N_v = 2\left(\frac{m_h^* kT}{2\pi \hbar^2}\right)^{\frac{3}{2}} \tag{4.17}$$

となる。

伝導帯に上がった電子の数はホールの数と同じであるから

$$N_c \cdot \exp\left(\frac{E_f - E_c}{kT}\right) = N_v \cdot \exp\left(\frac{E_v - E_f}{kT}\right) \tag{4.18}$$

対数をとって整理すると

$$E_f = \frac{E_c+E_v}{2} + \frac{kT}{2}\ln\left(\frac{N_v}{N_c}\right) = \frac{E_g}{2} + \frac{3kT}{4}\ln\left(\frac{m_e^*}{m_h^*}\right) \tag{4.19}$$

もしホールと電子が同じ有効質量なら第2項は0で、フェルミレベルはちょうど禁制帯の中央に来る。

　後述するように、半導体ではキャリヤ数を制御するため不純物（impurity）を添加することが一般的に行われる。これと区別するため、以上述べた半導体を本来の、あるいは本当のという意味で真性（intrinsic）半導体と呼ぶ。一般に半導体は温度の非常に低いときには絶縁体である。フェルミ分布関数は温度上昇とともに肩の丸みを増すから、電子が高いエネルギー状態をとる確率が増加し、また低いエネルギー状態には空きができる。このためキャリヤ数が増加し、導電率が高くなる。すなわち温度上昇とともに抵抗が減る。これは温度上昇とともに抵抗を増す金属とは反対の温度依存性である。半導体の抵抗が主にキャリヤ密度によって決まるのに対して、金属ではキャリヤ密度は変わらず、格子の熱振動による散乱（次章参照）によって抵抗が決まるためである。

2. 不純物半導体

　真性半導体だけでは、ただ抵抗の高い導体が得られるだけであまり面白くない。もちろん用途によっては真性半導体が使われるところもあるが、きわめて限られる。半導体の醍醐味は人為的にキャリヤ密度が変えられることにある。

　4価原子であるSiの結晶中に極わずかの5価あるいは3価の原子を不純物として入れると、真性半導体とは大きく性質を変えることになる。これを不純物半導体という。5価の原子がSi原子を置換して結晶に入ると、5個の最外殻電子のうち4個は価電子帯に入り結合にあずかる。残る1つの電子はこの原子にゆるく束縛され、ある軌道を描いて回る。しかし、わずかなエネルギーを得て束縛が解かれこの原子から自由になる、すなわち伝導帯に入ることになる。したがって、この電子のエネルギー準位は伝導帯の底よりわずかに低い位置にあることになる。このような準位を電子を供給するという意味でドナー準位（donor level）といい、またこの不純物をドナーという。ドナーは電子を放出

すると、周囲に比べて原子核に正の電荷が多い分、正に帯電する。ドナーを添加した半導体は電子が伝導にあずかるのでn(negative)型半導体と呼ぶ。

一方、3価の原子が不純物として入ると、結合にあずかる電子が1つ足りなくなる。すなわちホールである。周囲の価電子帯にある電子がわずかなエネルギーを得てこの準位に入るとホールは価電子帯に入る。すなわち、この準位は価電子帯の頂部よりわずかに上にできる。これをアクセプタ（acceptor）準位といい、このような不純物をアクセプタという。アクセプタは電子を受けとると負に帯電する。アクセプタを添加した半導体はホールが伝導にあずかるのでp(positive)型半導体と呼ぶ。

表4-1 Siに対するドナーおよびアクセプタとなる不純物原子

V族原子	P, As, Sb	ドナー	n型
III族原子	B, Al, Ga	アクセプタ	p型

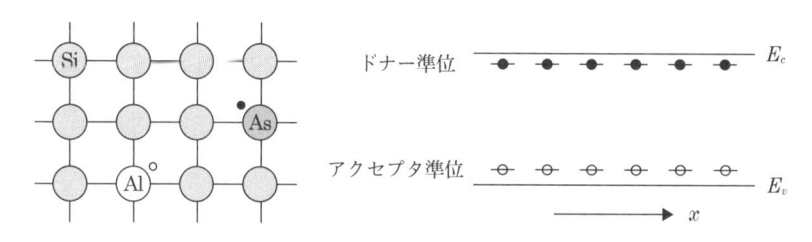

図4-4 ドナーとアクセプタ、およびそれらのエネルギー準位

ドナー準位がどの程度の位置にできるかを考えてみよう。ドナーに捕えられた電子の状態は周囲を一様な媒質と見立てると、ちょうど水素原子の様に中心に電荷$+e$があり、その周りを$-e$の電荷の電子が回っているように見える。ただしここでは周囲は真空でなく比誘電率ε_rの媒質である。これを水素原子モデルという。水素原子中の電子のエネルギーは（3.11）式で与えられている。基底状態のエネルギーは$N=1$のときである。このエネルギーは束縛が解かれて自由になる真空レベルを0としている。ドナーの場合は伝導帯に入ると有効質量m^*の自由電子となるから伝導帯の底が0である。したがってドナー

準位は伝導帯の底から

$$E = -\frac{m^* e^4}{32\pi^2 \varepsilon_r^2 \varepsilon_0^2 \hbar^2} \tag{4.20}$$

の位置にあることになる。$\varepsilon_r = 12$、$m^* = 0.3 \cdot m_0$とするとこの値はおよそ0.03eVほどになり、バンドギャップに比べて十分小さくきわめて伝導帯に近いことがわかる。これを準位が浅いという。アクセプタについても電子をホール、伝導帯を価電子帯と置き換え、エネルギーの増加方向を下方にとれば同様の議論が成り立つ。一般にホールは電子に比べて有効質量が大きく、アクセプタ準位はドナー準位より若干深くなる傾向がある。

3. 温度依存性

不純物半導体においてキャリヤ密度、フェルミレベルが温度でどのように変わるかを見てみよう。例としてアクセプタ密度N_aのp型半導体を考える。価電子帯のホール密度はアクセプタに捕えられた電子密度と伝導帯中の電子密度の和となるから

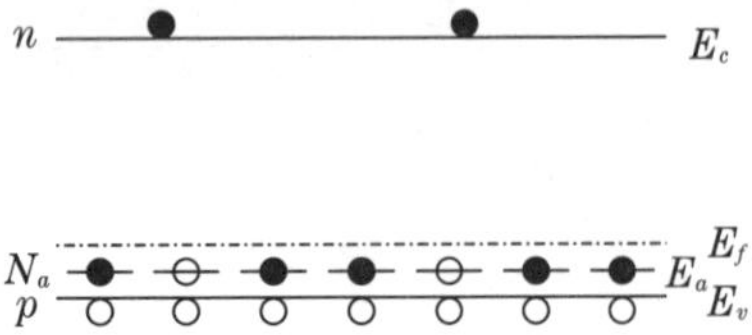

図4-5 p型半導体のエネルギー図

$$N_v\left(1 - \frac{1}{1 + \exp\left(\frac{E_v - E_f}{kT}\right)}\right) = N_a \frac{1}{1 + \exp\left(\frac{E_a - E_f}{kT}\right)} + N_c \frac{1}{1 + \exp\left(\frac{E_c - E_f}{kT}\right)} \tag{4.21}$$

これを直接計算機で解くと図4-6のようになる。

以下領域を分けて近似解を求める。伝導帯、価電子帯においてはキャリヤが少なく古典分布が成り立つとして、次式を出発点とする。

$$N_v \cdot \exp\left(\frac{E_v - E_f}{kT}\right) = N_a \frac{1}{1 + \exp\left(\frac{E_a - E_f}{kT}\right)} + N_c \cdot \exp\left(\frac{-(E_c - E_f)}{kT}\right) \tag{4.22}$$

第4章 半導体 47

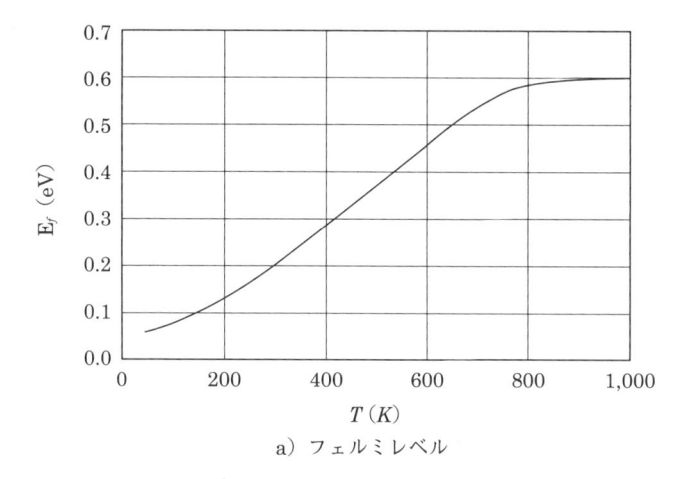

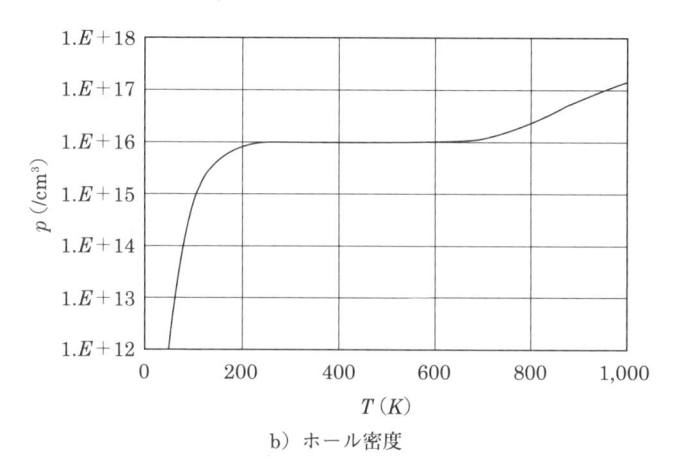

a) フェルミレベル

b) ホール密度

図4-6 フェルミレベルE_f、およびホール密度pの温度変化、ここに$E_g=1.2\text{eV}$、$E_a=0.1\text{eV}$、$N_a=1\cdot 10^{16}/\text{cm}^3$

(1) 不純物温度領域

$n \ll p$ として右辺第2項を無視すると

$$N_v \cdot \exp\left(\frac{E_v - E_f}{kT}\right) = N_a \frac{1}{1 + \exp\left(\frac{E_a - E_f}{kT}\right)} \tag{4.23}$$

a) 十分温度が低いとき

右辺分母の 1 を無視して

$$N_v \cdot \exp\left(\frac{E_v - E_f}{kT}\right) = N_a \cdot \exp\left(\frac{-(E_a - E_f)}{kT}\right)$$

$$\therefore E_f = \frac{kT}{2} \ln\left(\frac{N_v}{N_a}\right) + \frac{E_a + E_v}{2} \tag{4.24}$$

したがって、

$$p = \sqrt{N_a N_v} \cdot \exp\left(\frac{-(E_a - E_v)}{2kT}\right) \tag{4.25}$$

となる。$T=0$ では

$$E_f = (E_a + E_v)/2 \tag{4.26}$$

となり、フェルミレベルは E_a と E_v の中間にくる。

b) 中間領域（室温付近）

逆に右辺の exp の項を無視すると

$$N_v \cdot \exp\left(\frac{E_v - E_f}{kT}\right) = N_a \tag{4.27}$$

となるから

$$E_f - E_v = kT \cdot \ln\left(\frac{N_v}{N_a}\right) \tag{4.28}$$

$$\therefore p = N_a \tag{4.29}$$

すなわちアクセプタと等量のホールが価電子帯に生成する。また、フェルミレベルは温度 T に比例して上昇する。

(2) 真性温度領域（高温領域）

アクセプタはすべて励起され (4.22) 式の右辺第 1 項は N_a となる。

$$N_v \cdot \exp\left(\frac{E_v - E_f}{kT}\right) = N_a + N_c \cdot \exp\left(\frac{-(E_c - E_f)}{kT}\right) \tag{4.30}$$

これを $\exp((E_f - E_v)/kT)$ の 2 次方程式と見立てて解くと、

$$\exp\left(\frac{E_f - E_v}{kT}\right) = \frac{-N_a + \sqrt{N_a^2 + 4N_v N_c \exp(-E_g/kT)}}{2N_c \exp(-E_g/kT)} \tag{4.31}$$

N_a が十分小さいとき

$$\exp\left(\frac{E_f-E_v}{kT}\right)=\sqrt{\frac{N_v}{N_c}}\exp(E_g/2kT)$$

$$\therefore E_f-E_v=\frac{E_g}{2}+\frac{kT}{2}\ln\left(\frac{N_v}{N_c}\right) \tag{4.32}$$

電子とホールの有効質量が等しい場合右辺第2項は0となり、

$$E_f-E_v=E_g/2 \tag{4.33}$$

$$p=N_v\cdot\exp\left(\frac{-E_g}{2kT}\right)=n_i \tag{4.34}$$

すなわち真性半導体と同じとなる。

p 型半導体中のホールを多数キャリヤ (majority carrier)、電子を少数キャリヤ (minority carrier) という。n 型はこの逆であり、表4-2の記号でキャリヤ密度を表す。少数キャリヤと多数キャリヤの数の積を np 積という。これは

表4-2 多数キャリヤ、少数キャリヤの表示記号

	多数キャリヤ	少数キャリヤ
p 型	p_p	n_p
n 型	n_n	p_n

$$n_n\cdot p_n=n_p\cdot p_p=N_c\exp\left(\frac{-(E_c-E_f)}{kT}\right)\cdot N_v\exp\left(\frac{E_v-E_f}{kT}\right)$$

$$=N_cN_v\cdot\exp\left(\frac{-E_g}{kT}\right)=n_i^2 \tag{4.35}$$

となって E_f によらず一定である。この関係はボルツマン近似が成り立つ条件、すなわちフェルミレベルが伝導帯、価電子帯からそれぞれ $4kT$ 程度以上離れているときに成り立つ。np 積はバンドギャップ $E_g=(E_c-E_v)$ が小さいほど大きい。また温度 T が上がると増大する。さらに、N_cN_v は m^* によるから、有効質量にも若干依存する。(4.35) 式を逆に解くとバンドギャップ E_g は、

$$E_g=kT\cdot\ln\left(\frac{N_cN_v}{n_i^2}\right) \tag{4.36}$$

となる。

演習問題

1. バンドギャップが 1eV の真性半導体における室温での伝導帯下端の電子の占有確率を求めよ。ただし、電子とホールの有効質量は等しいものとする。また、室温の kT は 0.025eV とする。また、これを用いて伝導帯中の電子密度を求めよ。
2. GaN のバンドギャップは 3.39eV、Si のそれは 1.12eV である。両者の真性半導体における伝導電子の密度は室温において何倍異なるか。ただし、電子およびホールの有効質量は自由電子の質量に等しいものとする。
3. 室温 300K から温度が 100℃下がると、E_g=1.04eV の真性半導体のキャリヤ数はどのぐらい減少するか。ただし、温度によるバンドギャップの変化は無視する。また、室温での kT は 0.026eV とする。
4. Si に不純物として Ga を添加する。室温でフェルミレベルが価電子帯の中に入るためには Ga をどれだけ添加すればよいか。ただし、Ga のアクセプタエネルギーは 0.01eV であり、ホールの有効質量は自由電子の質量に等しいものとする。

第5章
半導体を流れる電流

1. 電流の方程式

荷電粒子が運動することによって電流が生じる。半導体中ではこれまで見てきたように、伝導帯の電子と価電子帯のホールが伝導に寄与する荷電粒子、すなわちキャリヤである。微視的に見ると平衡状態でもこれらキャリヤは運動しているわけであるが、あらゆる方向に向かっているのですべてを足し合わせると0となり、巨視的に電流がどちらかの方向に流れるということはない。電流が流れるには2つの機構がある。1つは第1章で記したように、電界により荷電粒子が加速されるために流れる電流である。これをドリフト電流（drift current）という。すなわち

$$\boldsymbol{J}_{drift} = en\mu \boldsymbol{E} \tag{5.1}$$

である。

もう1つは拡散（diffusion）といわれる機構である。荷電粒子に限らず、あらゆる粒子は熱平衡（thermal equilibrium）に向かって、密度の高いとこから低いところへと動き、全体を均一にしようとする。たとえば水中に落とした1滴の赤インクが時間とともに広がっていき、最後は均一な赤い水となるのと同じ現象である。電子のような荷電粒子であればこの粒子の動きが電流となる。これを拡散電流という。拡散電流は電子の密度勾配 dn/dx に比例し、

$$\boldsymbol{J}_{diff} = eD\frac{dn}{dx} \tag{5.2}$$

単位 $[D] = [A/m^2/(C \cdot m^{-3}/m)] = [m^2/s]$

で表される。ここに比例定数Dは拡散定数といわれる。

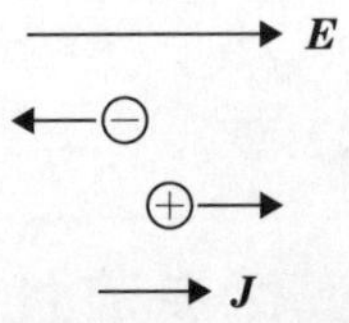

半導体中では電子とホールの2種のキャリヤがあるから、次の2つの電流が流れることになる。

図5-1 電子とホールの動きと電流

電子による電流は

$$J_e = en\mu_e \boldsymbol{E} + eD_e \frac{dn}{dx} \tag{5.3}$$

ホールによる電流は

$$J_h = ep\mu_h \boldsymbol{E} - eD_h \frac{dp}{dx} \tag{5.4}$$

ここで注意しなければならないことは、電子は負の電荷$-e$を持つために、電界と反対方向に加速されるが電流は電界方向に流れるということである。すなわち正の電荷を持つホールと電界に対して同じ方向の電流が流れる。一方拡散では、電子はホールと同じ向きに動くため電流は反対方向に流れる。このため、拡散電流の項のみ符号が反転するわけである。

2. アインシュタインの関係式

拡散定数Dと移動度μには一定の関係がある。アインシュタインは不純物密度が勾配を持つ半導体を考え、この関係を導いた。アクセプタ密度が勾配を持つp型半導体を考えよう。図3-2のように、左が密度が高く、右にいくに従って密度が下がるとする。フェルミレベルは一定であるからバンドは左が高く、右が低いエネルギー状態となる。すなわち内部電界が生じる。

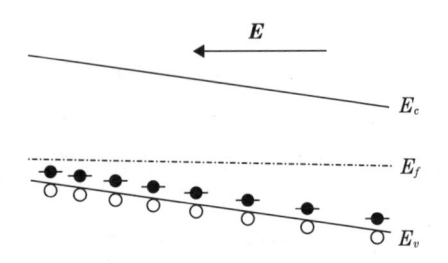

拡散電流は

$$J_{diff} = -eD_h \frac{dp}{dx} \tag{5.5}$$

図5-2 密度勾配を持つp型半導体のエネルギー図

ドリフト電流は

$$J_{drift} = ep\mu_h E \tag{5.6}$$

平衡しているので電流は0。したがって

$$-eD_h \frac{dp}{dx} + ep\mu_h E = 0 \tag{5.7}$$

ホール密度は

$$p = N_v \cdot \exp(-(E_f - E_v)/kT) \tag{5.8}$$

であるから

$$\frac{dp}{dx} = \frac{dp}{d(E_f - E_v)} \frac{d(E_f - E_v)}{dx} = -\frac{p}{kT} \frac{d(E_f - E_v)}{dx} \tag{5.9}$$

また

$$\frac{d(E_f - E_v)}{dx} = e\frac{dV}{dx} = -eE \tag{5.10}$$

であるから

$$\frac{dp}{dx} = \frac{ep}{kT} E \tag{5.11}$$

よって

$$\frac{e^2 D_h}{kT} E = e\mu_h E$$

$$\therefore D_h = \frac{\mu_h kT}{e} \tag{5.12}$$

これをアインシュタインの関係式という。アインシュタインの関係式を用いると、電子、ホールの電流の方程式はそれぞれ

$$J_e = e\mu_e \left(nE + \frac{kT}{e} \frac{dn}{dx} \right) \tag{5.13}$$

$$J_h = e\mu_h \left(pE - \frac{kT}{e} \frac{dp}{dx} \right) \tag{5.14}$$

と書き表せる。

3. 再結合

光によって価電子帯の電子が励起されて伝導帯へ遷移したり、後述する p-n 接合からのキャリヤの注入などによって熱平衡時より少数キャリヤ密度が高くなることがある。これを過剰少数キャリヤ（excess minority carrier）という。

p 型半導体を考え、熱平衡時の少数キャリヤ密度を n_0 とすると、過剰少数キャリヤ（この場合は伝導帯の電子）は

$$\Delta n = n - n_0 \tag{5.15}$$

で表される。

この過剰少数キャリヤである電子はエネルギー的に高い位置を占めているため、いつかは価電子帯に落ちていく。すなわち熱平衡状態に戻っていく。電子が価電子帯に落ちるとホールが埋まる。ホールを粒子と見立てる立場からは、電子とホールが結合して消滅するように見えるため、これを再結合（recombination）という。再結合の割合は過剰少数キャリヤ Δn に比例し、

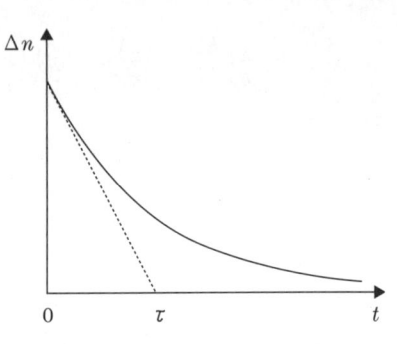

図 5-3　過剰少数キャリヤの減衰

$$\frac{d\Delta n}{dt} = -\frac{\Delta n}{\tau} \tag{5.16}$$

となる。τ を（過剰少数）キャリヤの寿命という。積分すると、

$$\Delta n = \Delta n(0) \cdot \exp\left(-\frac{t}{\tau}\right) \tag{5.17}$$

となる。このように過剰少数キャリヤは時間とともに指数関数的に減少する。

4. 連続の方程式

単位体積当たりの粒子の数の増加は、そこに流入する数および発生する数から、流出する数および消滅する数を差し引いたものとなる。これを記述するのが連続の方程式（continuity equation）である。以下に過剰少数キャリヤが電子である場合について、簡単のため一次元で各項ごとにその増減を検討する。

(1) 拡散

拡散は密度勾配に比例するから、正の方向に通過する電子の数は

$$-D_e \frac{d\Delta n}{dx} \tag{5.18}$$

$x_0 \sim x_0+dx$ の区間で出ていく量と入ってくる量を差し引くと、内部の増加量は

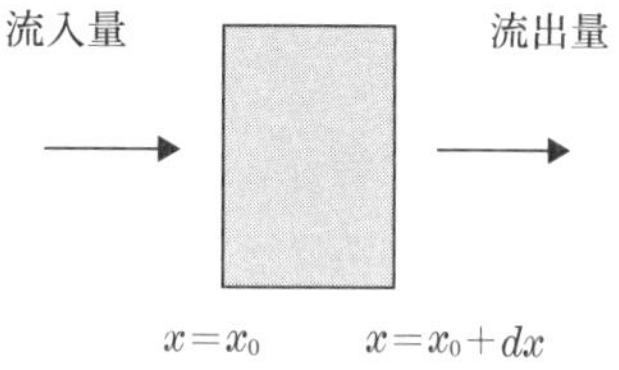

図 5-4　区間 dx での増加量

$$-D_e\left(\frac{d\Delta n}{dx}\right)_{x=x_0} - \left(-D_e\left(\frac{d\Delta n}{dx}\right)_{x=x_0+dx}\right)$$
$$= D_e \frac{d^2\Delta n}{dx^2}dx = D_e \frac{d^2 n}{dx^2}dx \tag{5.19}$$

(2) ドリフト

電界 $\boldsymbol{E}$ で流れる電流は

$$\boldsymbol{J} = en\mu_e \boldsymbol{E} \tag{5.20}$$

電子の数の流れは

$$-n\mu_e \boldsymbol{E} \tag{5.21}$$

dx 中に蓄積される電子数は

$$-n\mu_e \boldsymbol{E} - \left(-\mu_e\left(n+\frac{dn}{dx}dx\right)\boldsymbol{E}\right) = \mu_e \frac{dn}{dx}\boldsymbol{E}dx \tag{5.22}$$

(3) 再結合

再結合で減少する割合は

$$-\frac{\Delta n}{\tau}dx \tag{5.23}$$

(4) 生成 (generation)

単位体積当たり生成する割合を g とすると

$$g \cdot dx \tag{5.24}$$

以上から単位体積当たりの n の時間変化は

$$\frac{dn}{dt} = D_e \frac{d^2 n}{dx^2} + \mu_e \frac{dn}{dx} \boldsymbol{E} - \frac{n - n_0}{\tau_e} + g \tag{5.25}$$

ホールの場合も同様に求められるが、ホールは電界と同一方向に流れるからドリフトの項はマイナスになり、

$$\frac{dp}{dt} = D_h \frac{d^2 p}{dx^2} - \mu_h \frac{dp}{dx} \boldsymbol{E} - \frac{p - p_0}{\tau_h} + g \tag{5.26}$$

が得られる。半導体中の電流は、これら連続の方程式を解いてキャリヤ密度を求め、電流の方程式に代入することによって求められる。少数キャリヤを主に利用するデバイスでは小数キャリヤについてのみを解けば多くの場合十分である。多数キャリヤは電荷中性条件から求まるが、通常少数キャリヤに比べて何桁も多いためにこれにほとんど左右されない。

5. 移動度

移動度 μ が実際どのように決まるかを見てみよう。結晶を構成する原子配列の周期性が完全であれば電子は散乱 (scattering; k を変えること) されることはなく、移動度は無限に大きくなる。現実の結晶では格子の熱振動や不純物原子のため周期性が乱され、電子はこれらと衝突し散乱される。このため移動度は有限の値をとる。

温度 T では熱エネルギー $3kT/2$ を得て（付録5参照）、電子はランダムな熱運動（ブラウン運動）を行っている。熱速度 v_{th}（thermal velocity）は

$$\frac{1}{2}m^*v_{th}^2 = \frac{3}{2}kT \tag{5.27}$$

から

$$v_{th} = \sqrt{\frac{3kT}{m^*}} \tag{5.28}$$

と求まる。1回目の散乱から次の散乱までの平均的な時間を $\langle t \rangle$ とすると、その間に走る距離は $v_{th}\langle t \rangle$ となる。これを平均自由行程（mean free path）と呼ぶ。ただし、個々の電子はあらゆる方向に走っており全体としての速度は0である。

この状態で電界 $\boldsymbol{E}$ を作用させると、電子はこれによる力 $\boldsymbol{F} = -e\boldsymbol{E}$ を受けて電界と反対方向に加速される。運動量の変化は

$$\boldsymbol{p} = m^*\boldsymbol{v} = \int \boldsymbol{F}dt = \int -e\boldsymbol{E}dt \tag{5.29}$$

であるから、1回目の散乱から次の散乱までの時間を t とすると電子は散乱直前に

$$\boldsymbol{v} = -\frac{e\boldsymbol{E}}{m^*}t \tag{5.30}$$

の速度を持つ。この間に動く距離の平均は

$$\langle L \rangle = \left\langle \int_0^t -\frac{e\boldsymbol{E}}{m^*}t dt \right\rangle = -\frac{e\boldsymbol{E}}{2m^*}\langle t^2 \rangle \tag{5.31}$$

である。散乱が等方的であると仮定し散乱後は再び元の状態に戻るとすると、電子は全体として $\langle t \rangle$ 時間の間に $\langle L \rangle$ の距離を進んだことになるから、速度は

$$\boldsymbol{v}_d = \frac{\langle L \rangle}{\langle t \rangle} = -\frac{e\boldsymbol{E}}{m^*} \cdot \frac{\langle t^2 \rangle}{2\langle t \rangle} \tag{5.32}$$

となる。これをドリフト速度という。緩和時間 τ_d を

$$\tau_d = \frac{\langle t^2 \rangle}{2\langle t \rangle} \tag{5.33}$$

で定義すると、

$$v_d = -\frac{e\tau_d}{m^*}E = -\mu E \tag{5.34}$$

となって、(1.7) 式と同じ移動度 μ が得られる。

移動度は散乱の度合いが多くなるほど低下する。半導体中での主な散乱要因は格子振動と不純物原子である。不純物のうちでもイオン化した不純物は特に影響が大きい。格子振動による散乱は、温度が高くなるほど振動が激しくなるため、高温で顕著になる。一方、イオン化不純物散乱はクーロン力により軌道が曲がることに対応するので、ブラウン運動の速度が高まる高温になるほど散乱確率は低下する。したがって低温領域で強い影響を与える。理論計算によると、格子振動散乱による移動度は

$$\mu_L = a \cdot \left(\frac{m^*}{m_0}\right)^{-\frac{5}{2}} \cdot T^{-\frac{3}{2}} \tag{5.35}$$

イオン化不純物散乱による移動度は

$$\mu_I = b \cdot \left(\frac{m^*}{m_0}\right)^{-\frac{1}{2}} \cdot T^{\frac{3}{2}} \tag{5.36}$$

で与えられることが知られている。ここに a, b は物質による定数で、b は不純物密度の増加とともに減少する。両方の散乱が合わさって全体の移動度 μ は

$$\frac{1}{\mu} = \frac{1}{\mu_L} + \frac{1}{\mu_I} \tag{5.37}$$

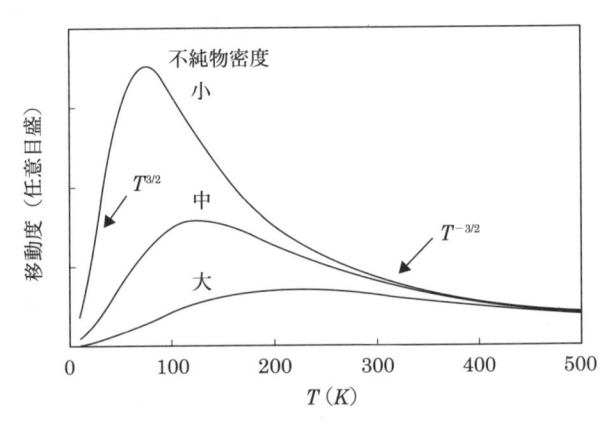

図5-5 移動度の温度依存性

となる。これを定性的に図示すると図 5-5 のようになる。

6. 格子振動（フォノン）

　散乱を引き起こす格子振動についてもう少し詳しく見てみよう。結晶中の原子は互いに強い力で結びついているため、各原子が勝手に動くのではなく、1つの原子が動くと隣の原子からそれを引き戻そうという力が働き、振動を起こす。隣の原子も反対の力を受けて振動し、振動は波として周囲に伝搬していく。この波には縦波と横波があって、前者は変位が波の進行方向と同じ方向のもの、後者は垂直のものである。縦波は結晶に粗密を生じさせるため、結晶中を伝わる音、すなわち音波と同じものである。粒子が波としての性格を持っていると第1章で述べたが、これとまったく対称的に波もまた粒子の性格を持っていると考えることができる。このように考えて格子振動の粒子をフォノン（phonon）という。

　格子の振動を一次元モデルで考えよう。一般性を失わないよう格子は2種の異なった原子からなるとする。このモデルはイオン結晶や、基本格子に2個原子を含む結晶に当てはまる。格子定数を d、2種の原子の質量をそれぞれ m、M とする。隣り合う原子のみに力が働くとすると、運動方程式は

$$m\frac{d^2 u_{2n}}{dt^2} = -\beta(u_{2n} - u_{2n-1}) + \beta(u_{2n+1} - u_{2n})$$

$$= \beta(u_{2n+1} + u_{2n-1} - 2u_{2n}) \tag{5.38}$$

$$M\frac{d^2 u_{2n+1}}{dt^2} = \beta(u_{2n+2} + u_{2n} - 2u_{2n+1}) \tag{5.39}$$

単位 $[\beta] = [\mathrm{N/m}] = [\mathrm{J/m^2}] = [\mathrm{kg/s^2}]$

となる。ここに β は変位量に比例して力が生じるいわゆるフック（Hooke）の法則の比例定数である。この解を次の進行波の形に置く。

$$u_{2n} = A \cdot \exp(ik \cdot nd - i\omega t) \tag{5.40}$$

$$u_{2n+1} = B \cdot \exp\left(ik \cdot \frac{2n+1}{2}d - i\omega t\right) \tag{5.41}$$

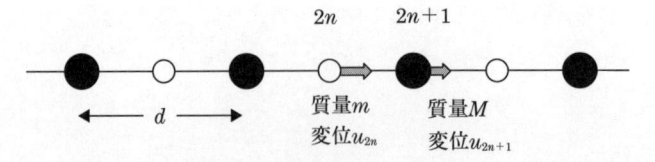

図5-6　格子振動の一次元モデル

これらを (5.38)、(5.39) 式に代入して

$$-m\omega^2 A = \beta B\left(\exp\left(ik\frac{d}{2}\right)+\exp\left(-ik\frac{d}{2}\right)\right)-2\beta A \tag{5.42}$$

$$-M\omega^2 B = \beta A\left(\exp\left(ik\frac{d}{2}\right)+\exp\left(-ik\frac{d}{2}\right)\right)-2\beta B \tag{5.43}$$

を得る。この連立方程式が A、B ともに 0 でない解を持つには A、B の係数行列式が 0 でなければならない。すなわち

$$\begin{vmatrix} 2\beta-m\omega^2 & -2\beta\cos\left(k\dfrac{d}{2}\right) \\ -2\beta\cos\left(k\dfrac{d}{2}\right) & 2\beta-M\omega^2 \end{vmatrix}=0 \tag{5.44}$$

従って

$$\omega^2=\beta\left(\frac{1}{m}+\frac{1}{M}\right)\pm\beta\sqrt{\left(\frac{1}{m}+\frac{1}{M}\right)^2-\frac{4\sin^2(kd/2)}{mM}} \tag{5.45}$$

が得られる。角周波数 ω は正の数であるから、1つの波数 k に対して ω_+ と ω_- の2つの波が存在することになる。$k=0$ では

$$\omega_+=\sqrt{2\beta\left(\frac{1}{m}+\frac{1}{M}\right)}, \qquad \omega_-=0 \tag{5.46}$$

であり、ブリルアンゾーンの端 $k=\pi/d$ では $M>m$ として

$$\omega_+=\sqrt{\frac{2\beta}{m}}, \qquad \omega_-=\sqrt{\frac{2\beta}{M}} \tag{5.47}$$

となる。また振幅 A と B の比をとると、$k=0$ では (5.42)、(5.43) 式から

$$\omega_+ : \frac{A}{B} = -\frac{M}{m} \tag{5.48}$$

$$\omega_- : \frac{A}{B} = 1 \tag{5.49}$$

となってω_-では隣り合う原子は同じ方向に振動するが、ω_+では逆位相で振動していることがわかる。イオン結晶では隣り合う＋と－のイオンが逆位相で振動するので分極が発生し、電磁波と強く結合する。このためω_+のフォノンを光学フォノン（optical phonon）と呼ぶ。これに対してω_-を音波と同様の性質を示すことから音響フォノン（acoustic phonon）という。これらにはそれぞれ縦波と横波があるので、縦（longitudinal）、横（transverse）を冠してLO、TO、LA、TAフォノンなどと呼ぶ。なお、ブリルアンゾーンの端$k=\pi/d$では、光学フォノンは$B=0$となって、質量Mすなわち重い原子が静止し、逆に音響フォノンは$A=0$となり軽い原子が静止する特異な状態となっている。フォノンの分散特性、すなわちωとkの関係を示すと図5-7となる。

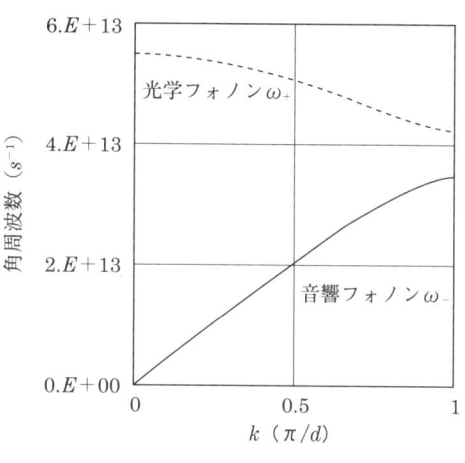

図5-7 フォノンの分散特性

演習問題

1. 室温での電子の熱速度を求めよ。ただし質量は自由電子の質量$m_0 = 9.11 \cdot 10^{-31}$kgとする。
2. 電子が一定の時間間隔$t = 2.0 \cdot 10^{-12}$sで散乱を繰り返しているとする。このとき室温における次の値を求めよ。ここでも電子の質量は自由電子の質量に等しいものとする。
    a) 平均自由行程

b) 緩和時間
c) 移動度
d) 拡散定数
3. 真性 Si の室温での抵抗率を求めよ。Si のバンドギャップは 1.12eV、簡単のため電子、ホールの質量は自由電子の質量に等しいものとし、電子の移動度を 1500、ホールのそれを 500cm$^2V^{-1}s^{-1}$ とする。

第6章
p-n 接合

1. 空乏層と拡散電位

　p 型半導体と n 型半導体を原子レベルで完全に接触させると両者の間を電子が自由に移動し熱平衡状態を形づくる。これを p-n 接合（*p-n* junction）という。熱力学によると熱平衡では系の化学ポテンシャル（フェルミレベル）はどこでも一定となる。両者が接触したとき、n 型領域には p 型領域に比べて多数の電子が存在するので接合部近傍の電子は拡散によって p 型領域に流れ込み、n 型領域表面に伝導電子のない領域ができる。負電荷の電子がいなくなるため正の電荷が残る。一方、p 型領域からはホールが n 型領域に向かって流れ込み、同様に負の電荷が残る。これらキャリヤのいない領域を空乏層（depletion layer）という。電荷が空間に固定されているので、空間電荷領域（space charge region）ともいう。この領域は極狭い範囲に正負の電荷が相対するという、いわゆる電気二重層を形成している。p 型側では電子が流れ込んできたために全体的に負に帯電し、n 型側はホールが入るために正に帯電する。ここに相対的な電位差が生じる。これを拡散電位（diffusion potential）という。接触によって全系のエネルギーは変わらないので、もし n、p 型領域の体積が同じであれば真空レベルに対しては正負に同じ電位だけずれる。図6-1にこの様子を示す。なお、図では電子のエネルギーを上下方向にとっているので、電位とは上下関係が逆転していることに注意を要する。このようにして接合部に形成された電位差はキャリヤがより以上に流れ込まないように働き、フェルミレベルを一致させる。

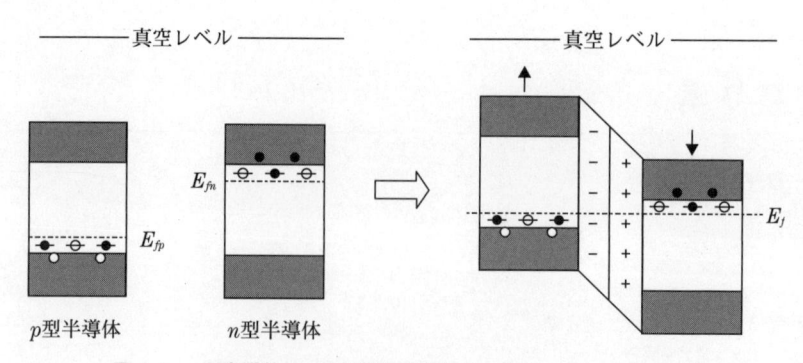

図6-1 n型半導体とp型半導体の接触によるポテンシャルの変化

図6-1から明らかな様に拡散電位をV_jとすると

$$eV_j = E_{fn} - E_{fp} = E_g - (E_c - E_{fn}) - (E_{fp} - E_v) \tag{6.1}$$

である。室温付近では（4.28）式で見たように、

$$E_{fn} = E_c - kT \cdot \ln\left(\frac{N_c}{N_d}\right) \tag{6.2}$$

$$E_{fp} = E_v + kT \cdot \ln\left(\frac{N_v}{N_a}\right) \tag{6.3}$$

の関係があるので、

$$\begin{aligned}eV_j &= E_{fn} - E_{fp} = E_g - kT \cdot \ln\left(\frac{N_c}{N_d}\right) - kT \cdot \ln\left(\frac{N_v}{N_a}\right) \\ &= E_g - kT \cdot \ln\left(\frac{N_c N_v}{N_d N_a}\right)\end{aligned} \tag{6.4}$$

となる。

2. *p-n* 接合の熱平衡時のバランス

空乏層の中はほとんどのキャリヤが出払っているが、まったく0というわけではない。これらによる電流を考えると、熱平衡状態では電子、ホールによる電流はそれぞれ0であるから

$$\boldsymbol{J}_e = e\mu_e\left(n\boldsymbol{E} + \frac{kT}{e}\frac{dn}{dx}\right) = 0 \tag{6.5}$$

$$J_h = e\mu_h\left(pE - \frac{kT}{e}\frac{dp}{dx}\right) = 0 \tag{6.6}$$

電子の式から

$$-E dx = \frac{kT}{e}\frac{dn}{n} \tag{6.7}$$

積分して

$$V(x) - V(\infty) = \frac{kT}{e}\ln\left(\frac{n(x)}{n_n}\right) \tag{6.8}$$

$x = -\infty$ で $n(x) = n_p$、また $V(\infty) - V(-\infty) = V_j$ から

$$V_j = -\frac{kT}{e}\ln\left(\frac{n_p}{n_n}\right) \tag{6.9}$$

np 積一定から

$$n_n p_n = n_p p_p = n_i^2 \tag{6.10}$$

であり、

$$V_j = \frac{kT}{e}\ln\left(\frac{p_p}{p_n}\right) = \frac{kT}{e}\ln\left(\frac{n_n}{n_p}\right) \tag{6.11}$$

常温ではほぼ $p_p = N_a$、$n_n = N_d$ であるから

$$V_j = \frac{kT}{e}\ln\left(\frac{N_a N_d}{n_i^2}\right) \tag{6.12}$$

ここで (4.36) 式

$$E_g = kT \cdot \ln\left(\frac{N_c N_v}{n_i^2}\right) \tag{6.13}$$

を使うと

$$eV_j = E_g - kT \cdot \ln\left(\frac{N_c N_v}{N_d N_a}\right) \tag{6.14}$$

となって、これは (6.4) 式に等しい。

3. 階段型不純物分布を持った *p-n* 接合

図6-2のような、ドナー密度を N_d、アクセプタ密度を N_a とする階段型の不純物分布を持つ *p-n* 接合を考える。ここでは簡単のため、空乏層中のキャリヤ

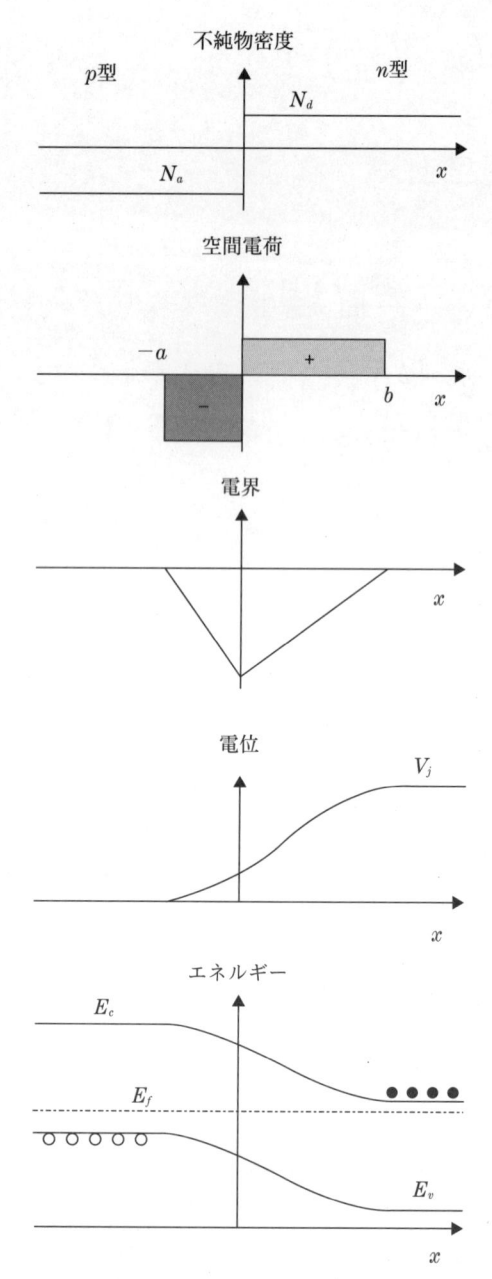

図 6-2 *p-n* 接合を横切る電荷、電界、電位、エネルギーの変化

は完全に出払うものとする。p 側に広がる空乏層の厚さを a、n 側に広がるそれを b とすると、空間電荷領域の電荷は＋－釣り合っているから

$$a \cdot N_a = b \cdot N_d \tag{6.15}$$

である。

電位 V はポアソンの方程式（Poisson equation）で記述される。一次元ポアソンの方程式は誘電率（dielectric constant、あるいは permittivity）を ε として

$$\frac{d^2V}{dx^2} = -\frac{\rho}{\varepsilon} \tag{6.16}$$

である。ここに ρ は電荷密度である。したがって、

$$\frac{d^2V}{dx^2} = \frac{eN_a}{\varepsilon} \qquad p \text{ 型領域} \tag{6.17}$$

$$\frac{d^2V}{dx^2} = -\frac{eN_d}{\varepsilon} \qquad n \text{ 型領域} \tag{6.18}$$

p 型領域では（6.17）を積分して

$$\frac{dV}{dx} = \frac{eN_a}{\varepsilon} x + A \tag{6.19}$$

$$V = \frac{eN_a}{2\varepsilon} x^2 + Ax + B \tag{6.20}$$

$x = -a$ で $V = 0$、$dV/dx = 0$ であるから

$$A = eN_a/\varepsilon \cdot a \tag{6.21}$$

$$B = eN_a/(2\varepsilon) \cdot a^2 \tag{6.22}$$

n 型領域では（6.18）を同様にして積分し、

$$\frac{dV}{dx} = -\frac{eN_d}{\varepsilon} x + A' \tag{6.23}$$

$$V = -\frac{eN_d}{2\varepsilon} x^2 + A'x + B' \tag{6.24}$$

$x = 0$ で V および電界 $\boldsymbol{E} = -dV/dx$ が連続の条件から

$$B = B' = eN_a/(2\varepsilon) \cdot a^2 \tag{6.25}$$

$$A = A' = eN_a/\varepsilon \cdot a \tag{6.26}$$

$x = b$ で $dV/dx = 0$ から

$$\frac{dV}{dx} = -\frac{eN_d}{\varepsilon}b + A' = 0 \tag{6.27}$$

$$\therefore A' = eN_d/\varepsilon \cdot b \tag{6.28}$$

したがって

$$N_d \cdot b = N_a \cdot a \tag{6.29}$$

となり、先の電荷釣り合いの条件が求まる。空乏層幅を w とすると

$$w = a + b = \frac{N_d + N_a}{N_d} a \tag{6.30}$$

逆に

$$a = \frac{N_d}{N_d + N_a} w \tag{6.31}$$

$$b = \frac{N_a}{N_d + N_a} w \tag{6.32}$$

である。$x = b$ 点の電位 $V(b)$ は外部から電圧を加えないときには拡散電位 V_j となるから、

$$V_j = -\frac{eN_d}{2\varepsilon}b^2 + \frac{eN_d}{\varepsilon}b \cdot b + \frac{eN_a}{2\varepsilon}a^2$$

$$= \frac{e}{2\varepsilon}\frac{N_d N_a}{N_d + N_a} w^2 \tag{6.33}$$

逆に解いて

$$w = \sqrt{\frac{2\varepsilon}{e}\frac{N_d + N_a}{N_d N_a} V_j} \tag{6.34}$$

単位 $[w] = [(F/mC^{-1}m^3V)^{1/2}] = [m]$ $\because [F] = [C/V]$

となる。具体的な数値を検討してみよう。Si の比誘電率は 12 であるから、$N_a = N_d = 1 \cdot 10^{17}/cm^3$ のとき、約 $0.15\mu m$、$1 \cdot 10^{19}/cm^3$ では $0.017\mu m$ となる。このように一般に空乏層の幅はきわめて狭い。また、キャリヤ密度が高いほど空乏層幅は狭くなる。さらに、n、p 型にキャリヤ密度の大きな差があると、空乏層はほとんどキャリヤ密度の低いほうの半導体領域のみに広がることになる。

電位 V および電界 $E = -dV/dx$ を書き下すと、

p 型領域では、

$$\boldsymbol{E} = -\frac{eN_a}{\varepsilon}x - \frac{e}{\varepsilon}\frac{N_d N_a}{N_d + N_a}w \tag{6.35}$$

$$V = \frac{eN_a}{2\varepsilon}x^2 + \frac{e}{\varepsilon}\frac{N_d N_a}{N_d + N_a}w\cdot x + \frac{N_d}{N_d + N_a}V_j \tag{6.36}$$

n 型領域では

$$\boldsymbol{E} = \frac{eN_d}{\varepsilon}x - \frac{e}{\varepsilon}\frac{N_d N_a}{N_d + N_a}w \tag{6.37}$$

$$V = -\frac{eN_d}{2\varepsilon}x^2 + \frac{e}{\varepsilon}\frac{N_d N_a}{N_d + N_a}w\cdot x + \frac{N_d}{N_d + N_a}V_j \tag{6.38}$$

となる。絶対値最大の電界は接合位置 $x=0$ に生じ、

$$\begin{aligned}\boldsymbol{E}_{\max} &= (-dV/dx)_{x=0}\\ &= -A'\\ &= -eN_a/\varepsilon\cdot a\\ &= -(e/\varepsilon)\cdot N_a N_d/(N_a + N_d)\cdot w\\ &= -2V_j/w \end{aligned} \tag{6.39}$$

また、接合位置の電位 $V(0)$ は

$$V(0) = N_d/(N_a + N_d)\cdot V_j \tag{6.40}$$

で与えられる。すなわち、密度の高いほうが電位変化は少ない。

　以上は外部電圧 0 の場合であるが、次に外部から電圧を印加した場合を考える。順方向（p 型に＋電圧を加える場合。これに対し－電圧をかける場合を逆方向という）に外部電圧 V を印加したとき

$$V(b) = V_j - V \tag{6.41}$$

であるから

$$w = \sqrt{\frac{2\varepsilon}{e}\frac{N_d + N_a}{N_d N_a}(V_j - V)} \tag{6.42}$$

となる。順方向の印加電圧を増すと次第に空乏層は狭まっていくことがわかる。反対に逆方向の電圧を加えると空乏層は広がる。このように空乏層の幅は外部電圧の印加によって変化する。

　p-n 接合はまた、正負の電荷が相対しているので静電容量、すなわちキャパ

シタ（capacitor）を形成する。空乏層の一方にたまる電荷量 Q は単位面積当たり

$$Q = eN_a \cdot a$$
$$= \frac{eN_d N_a}{N_d + N_a} w \qquad (6.43)$$

である。$N_a = N_d = 1 \cdot 10^{17}/\text{cm}^3$ のとき、約 $1.2 \cdot 10^{-7} C/\text{cm}^2$ になる。接合容量 (junction capacitance) C は

$$C = dQ/dV = eN_a \cdot da/dV$$
$$= eN_a N_d / (N_a + N_d) \cdot dw/dV$$
$$= \frac{eN_d N_a}{N_d + N_a} \cdot \frac{1}{2} \sqrt{\frac{2\varepsilon}{e} \frac{N_d + N_a}{N_d N_a (V_j - V)}} = \sqrt{\frac{e\varepsilon}{2} \frac{N_d N_a}{N_d + N_a} \frac{1}{(V_j - V)}} \qquad (6.44)$$

すなわち、印加電圧によって変化する容量である。$V=0$、$N_a = N_d = 1 \cdot 10^{17}/\text{cm}^3$ のとき、約 $0.07 \mu F/\text{cm}^2$ になる。電圧を求めるのに、単純に $V = Q/C$ とすると $1.68V$ となり、実際の V_j とは2倍だけ異なってしまう。これは C が電圧に依存するためで、積分

$$Q = \int_0^{V_j} C(V) dV = \int \frac{A}{\sqrt{V_j - V}} dV \qquad (6.45)$$

から $1/2$ の係数が出てくる。すなわち $V_j = 0.84V$ である。

4. *p-n* 接合を流れる電流

p-n 接合に電圧を印加したときにこれを横切って流れる電流を求めよう。初めに電圧が印加されていないとき、すなわち熱平衡時を考える。p 型半導体の少数キャリヤである電子密度は

$$n_p = N_c \exp\left(-\frac{E_{cp} - E_f}{kT}\right) \qquad (6.46)$$

n 型の電子は多数キャリヤで

$$n_n = N_c \exp\left(-\frac{E_{cn} - E_f}{kT}\right) \qquad (6.47)$$

N_c を両式から消去すると

$$n_p = n_n \exp\left(-\frac{E_{cp}-E_{cn}}{kT}\right) = n_n \exp\left(-\frac{eV_j}{kT}\right) \tag{6.48}$$

熱平衡状態ではもちろん電流は流れない。すなわち n 型から p 型側に流れる電子と、p 型から n 型側に流れる電子の数は等しいはずである。これには n 型中の電子 n_n のうち、p 型中の電子 n_p と同じ数の電子だけが流れる電流に寄与すると考えればよい。これは E_{cp} 以上のエネルギーを持った電子である。これを $n(0)$ とすると

$$\begin{aligned} n(0) &= n_p \\ &= n_n \cdot \exp(-eV_j/kT) \end{aligned} \tag{6.49}$$

である。

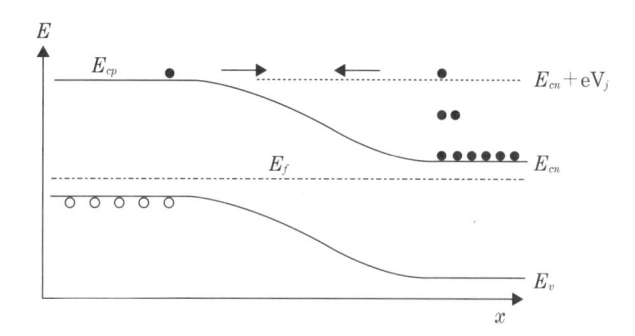

図 6-3 **p-n** 接合を跨ぐ電子分布模式図

さて、p 型が＋になる向きに電圧 V を印加する（エネルギー図は電子の図であるから p 型が相対的に下降する）と、$E_{cp}-E_{cn}=e(V_j-V)$ となるから

$$\begin{aligned} n(0) &= n_n \cdot \exp(-e(V_j-V)/kT) \\ &= n_p \cdot \exp(eV/kT) \end{aligned} \tag{6.50}$$

となる。

連続の方程式は

$$\frac{dn}{dt} = D_e \frac{d^2n}{dx^2} + \mu_e \frac{dn}{dx} \boldsymbol{E} - \frac{n-n_0}{\tau_e} + g \tag{6.51}$$

である。p 型領域中（空乏層を出てから）は電界 $\boldsymbol{E}=0$、また生成はないので、

定常状態では

$$D_e \frac{d^2 n}{dx^2} - \frac{n - n_p}{\tau_e} = 0 \tag{6.52}$$

となる。この解は

$$n - n_p = A \cdot \exp\left(-\frac{x}{L_e}\right) + B \cdot \exp\left(\frac{x}{L_e}\right) \tag{6.53}$$

である。ここに

$$L_e = \sqrt{D_e \tau_e} \tag{6.54}$$

単位 $[L_e] = [(m^2/s \cdot s)^{1/2}] = [m]$

を拡散長（diffusion length）という。$X = -\infty$ で $n = n_p$、$x = 0$（p 側の空乏層端、前節の $-a$ 点）で $n = n(0)$ であるから

$$A = 0 \tag{6.55}$$

$$B = n(0) - n_p$$
$$= n_p (\exp(eV/kT) - 1) \tag{6.56}$$

$$\therefore n = n_p \left(\exp\left(\frac{eV}{kT}\right) - 1\right) \cdot \exp\left(\frac{x}{L_e}\right) + n_p \tag{6.57}$$

電子の電流密度は $x = 0$ で

$$J_e = e D_e \cdot dn/dx$$
$$= \frac{e D_e}{L_e} n_p \left(\exp\left(\frac{eV}{kT}\right) - 1\right) \tag{6.58}$$

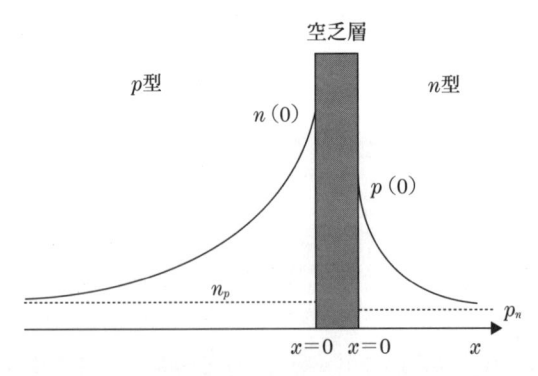

図 6-4 電圧印加時の電子およびホールの分布

単位 $[J_e] = [\text{C}\cdot\text{m}^2/\text{s}\cdot\text{m}^{-1}\cdot\text{m}^{-3}] = [\text{C/s}\cdot\text{m}^{-2}] = [\text{A/m}^2]$

すなわち、これだけの電流が空乏層を横切って流れる電子によって運ばれている。

一方ホールは、電子とは反対方向に空乏層を横切り、同じ方向に電流を運ぶ。上述の電子とまったく対称的な議論によりホール電流密度が求まる。ただし、今度は n 型側の空乏層の端を $x=0$ とする。

$$J_h = \frac{eD_h}{L_h} p_n \left(\exp\left(\frac{eV}{kT}\right) - 1 \right) \tag{6.59}$$

全電流は空乏層を横切って流れる電子とホールによって運ばれるから、これらの和で与えられ

$$\begin{aligned} J &= e\left(\frac{D_e}{L_e} n_p + \frac{D_h}{L_h} p_n\right)\left(\exp\left(\frac{eV}{kT}\right) - 1\right) \\ &= J_s \cdot \left(\exp\left(\frac{eV}{kT}\right) - 1\right) \end{aligned} \tag{6.60}$$

となる。ここに

$$J_s = e\left(\frac{D_e}{L_e} n_p + \frac{D_h}{L_h} p_n\right) \tag{6.61}$$

を飽和電流密度（saturation current density）という。

次に、これを導電率 σ を使って表すことを考える。

$$\sigma_h = e p_p \mu_h \tag{6.62}$$

$$\sigma_e = e n_n \mu_e \tag{6.63}$$

$$D_h = (kT/e)\mu_h \tag{6.64}$$

$$D_e = (kT/e)\mu_e \tag{6.65}$$

から

$$\begin{aligned} eD_e/L_e \cdot n_p &= kT\mu_e/L_e \cdot n_i^2/p_p \\ &= kT\mu_e/L_e \cdot n_i^2 \cdot e\mu_h/\sigma_h \end{aligned} \tag{6.66}$$

したがって、

$$J_s = ekT\mu_e\mu_h n_i^2 \left(\frac{1}{L_e \sigma_h} + \frac{1}{L_h \sigma_e}\right)$$

$$= \frac{kT}{e} \frac{\mu_e \mu_h}{(\mu_e+\mu_h)^2} \sigma_i^2 \left(\frac{1}{L_e \sigma_h} + \frac{1}{L_h \sigma_e} \right) \tag{6.67}$$

$$\because \sigma_i = en_i(\mu_h + \mu_e)$$

と書くことができる。

J_s は通常きわめて小さい値であり、逆（マイナス）方向には電流はほとんど流れない。一方、順方向には $\exp(eV/kT)$ に従って急速に電流を増す。p および n 電極を p-n 接合から十分離して設けると、このデバイスは整流性（rectification；一方向のみに電流を流す性質）を示す。これがダイオードである。

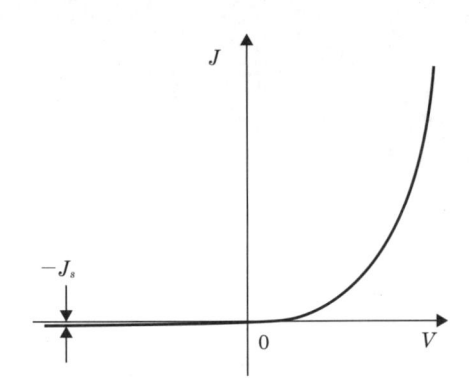

図 6-5 ダイオードの電流—電圧特性

演習問題

1. アクセプタ密度 $1 \cdot 10^{17}/\mathrm{cm}^3$、ドナー密度が $1 \cdot 10^{19}/\mathrm{cm}^3$ の n 型および p 型 Si で p-n 接合を作る。このとき、
    a) 拡散電位 V_j は何 V となるか。ただし、kT を 0.026eV、Si のバンドギャップを 1.12eV、等価状態密度は伝導帯、価電子帯ともに $2.5 \cdot 10^{19}/\mathrm{cm}^3$ とする。
    b) 空乏層幅 w を求めよ。ただし、$e=1.6 \cdot 10^{-19}C$、$\varepsilon_r=12$、$\varepsilon_0=8.85 \cdot 10^{-12} F/m$ とする。
    c) 最大電界を求めよ。

  d) 空乏層に蓄積される単位面積当たりの電荷量 Q、および接合容量 C を求めよ。

  e) この接合を流れる飽和電流密度を求めよ。ただし、$D_e=D_h=50\text{cm}^2/s$、$\tau_e=\tau_h=100\mu s$ とする。

2. p 型半導体中で、電子の電流密度は $J_e=eD_e\cdot dn/dx$ で与えられ、$dn/dx=(n_p/L_e)\cdot(\exp(eV/kT)-1)\cdot\exp(x/L_e)$ であるから、$x<0$ で x が小さくなるに従って電流密度は減ってくる。定常状態ではどこをとっても電流は同じはずである。電流の連続性はどう保たれているか。

第7章

トランジスタ

1. バイポーラトランジスタ

トランジスタ（transistor）は増幅、スイッチング機能を有し電子回路の主要構成要素である。p-n 接合を2つ接近させて構成するとトランジスタができる。構成には p-n-p 型と n-p-n 型との2種類がある。いずれも n 型および p 型の2極の半導体を使うのでバイポーラトランジスタ（bipolar transistor）と呼ばれる。バイポーラトランジスタは少数キャリヤを用いるデバイスである。電子の注入を利用するのが n-p-n トランジスタ、ホールを利用するのが p-n-p トランジスタである。以下 n-p-n トランジスタを例にとってその動作を説明するが、p-n-p 型の場合も電子をホールと置き換えてまったく対称的な議論をすることができる。

n-p-n の各領域に電極が設けられており、これらに図 7-1 に示す方向に電圧を印加する。マイナス側の n 領域をエミッタ（emitter）と呼び、ここから中央の p 領域へ電子が注入される。中央をベース（base）と呼ぶ。ベースに注入

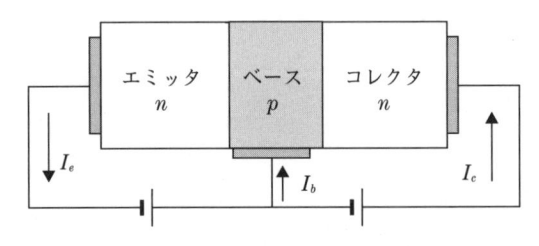

図 7-1 **n-p-n**トランジスタの構成図

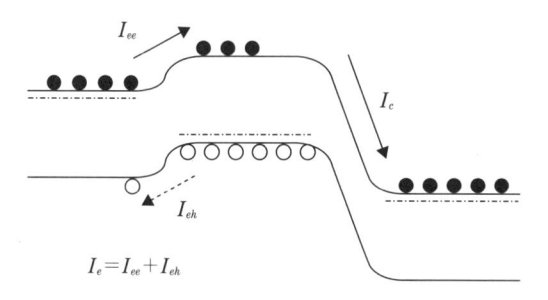

図 7-2　*n-p-n*トランジスタのエネルギー図とキャリヤの流れ

された電子は一部を除きベースを走行した後ポテンシャルの低い反対側のn領域に流れ込む。この領域をコレクタ（collector）と呼ぶ。

電流の増倍率を各領域に分けて考える。

(1)　エミッタ注入効率（emitter injection efficiency）

エミッタ電流I_eは電子電流とホール電流の和である。

$$I_e = I_{ee} + I_{eh} \tag{7.1}$$

このうち電子電流の割合をエミッタ注入効率という。

$$\gamma = \frac{I_{ee}}{I_{ee} + I_{eh}} \tag{7.2}$$

(2)　輸送効率（transport efficiency）

ベースに注入された電子の一部はコレクタ接合に到達するまでに再結合で消滅してしまう。コレクタに到達するものの割合を輸送効率という。

$$\beta = \frac{I_{ce}}{I_{ee}} \tag{7.3}$$

(3)　コレクタ増倍率（collector multiplication factor）

逆方向バイアスが強くなると電子は加速されて非常に大きなエネルギーを持つようになり価電子帯の電子を伝導帯に励起する。すなわち、電子－ホール対を発生し、なだれの様に電流が急激に増加する。これをなだれ増倍

(avalanche multiplication) という。増倍された全電流 I_c とコレクタ接合に到達した電流 I_{ce} の比

$$M = \frac{I_c}{I_{ce}} \tag{7.4}$$

をコレクタ増倍率という。通常の動作領域では M はほぼ 1 である。

電流増幅率 (current amplification factor) はこれらの積となり

$$\alpha = \beta \gamma M \tag{7.5}$$

である。エミッタ電流 I_e、ベース電流 I_b、コレクタ電流 I_c の間には次の関係がある。エミッタ接合に注入される電子電流は

$$I_{ee} = \gamma I_e \tag{7.6}$$

コレクタ接合を通過する電子電流は

$$I_{ce} = \beta I_{ee} = \gamma \beta I_e \tag{7.7}$$

したがってコレクタ電流は

$$I_c = I_{ce} M = \alpha I_e \tag{7.8}$$

一方、ベースへ流れ込むホール（実は電子がベースから流れ出る）による電流はエミッタ側に流れる分

$$(1-\gamma) I_e \tag{7.9}$$

ベース領域で電子と再結合する分

$$(1-\beta) I_{ee} = \gamma(1-\beta) I_e \tag{7.10}$$

および、コレクタ増倍で発生したホールのベースへの流入（マイナス）

$$(M-1) I_{ce} = (M-1) \gamma \beta I_e \tag{7.11}$$

の 3 成分がある。これらを合計して

$$\begin{aligned} I_b &= (1-\gamma) I_e + (1-\beta) \gamma I_e - (M-1) \gamma \beta I_e \\ &= (1 - \gamma \beta + \gamma \beta - \gamma \beta M) I_e \\ &= (1-\alpha) I_e \end{aligned} \tag{7.12}$$

が得られる。

トランジスタを回路に組み込む場合、どの端子を接地するかにより 3 通りの方法が考えられる。それぞれベース接地、エミッタ接地、コレクタ接地という

が、前二者が一般的に用いられる。ベース接地接続図を図7-3に示し、電圧電流のプラスの向きを矢印のように定める。このときコレクターベース間電圧V_{cb}とコレクタ電流I_cは図7-4に示す関係となる。エミッタ側p-n接合が順方向にバイアスされ、コレクタ側が逆方向にバイアスされて、ベース電流でコレクタ電流が制御される状態の領域を能動領域という。エミッタ側、コレクタ側ともに順方向にバイアスされている状態を飽和領域、共に逆方向にバイアスされた状態を遮断領域という。能動領域では、したがって、V_{be}はマイナス、V_{cb}はプラス、I_eはマイナス、I_cはプラスということになる。ベース接地では電流増幅率はαとなって1よりわずかに小さい。増幅はもっぱら電圧による。エミッタ側、コレクタ側にそれぞれ接続する抵抗をR_e、R_cとすれば

$$電圧増幅率 \sim 電力増幅率 = R_c/R_e \tag{7.13}$$

となる。

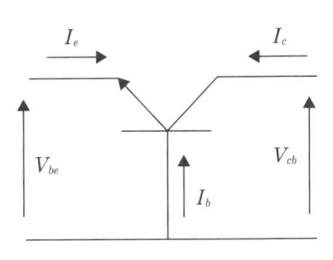

図7-3 ベース接地接続と電流電圧の方向

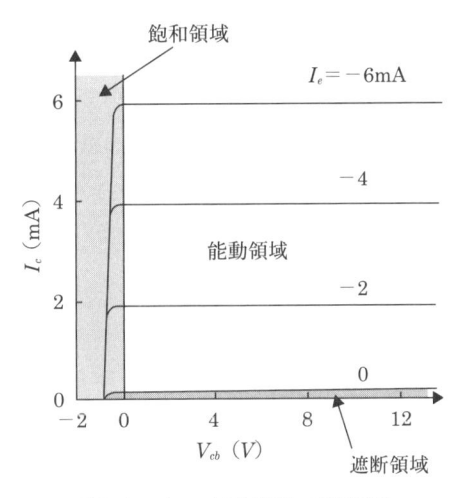

図7-4 ベース接地電流―電圧特性

図7-5はエミッタ接地接続を示し、このときの電流―電圧特性を図7-6に示す。この場合、(7.8)、(7.12)式から

$$I_c = \frac{\alpha}{1-\alpha} I_b \tag{7.14}$$

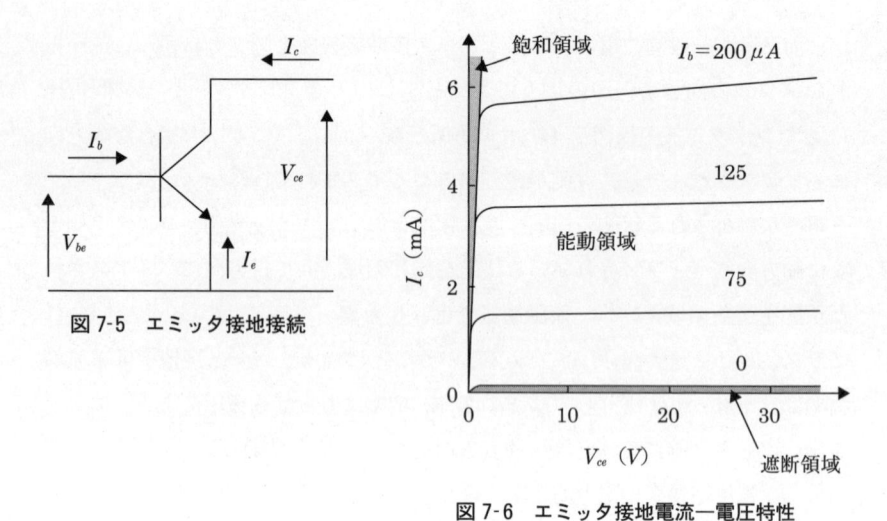

図 7-5　エミッタ接地接続

図 7-6　エミッタ接地電流―電圧特性

となり、小さなベース電流の変化で大きくコレクタ電流が変化することが図からも見てとれる。すなわち電流の増幅作用である。このようにバイポーラトランジスタは基本的に電流制御型の素子である。

　ベースに注入されるキャリヤの振る舞いをもう少し詳しく調べてみよう。注入キャリヤがそれほど多くなく、またベース内部に作り付けの電界がない場合にはキャリヤは拡散のみによって流れる。したがって定常状態で連続の方程式は、

$$D_e \frac{d^2 n}{dx^2} = \frac{n - n_p}{\tau_e} \tag{7.15}$$

である。

　エミッタ側の空乏層を出たところを $x=0$ として、このベース端で電子密度は（6.50）式と同じように与えられる。

$$n(0) = n_p \exp\left(\frac{eV_{be}}{kT}\right) \tag{7.16}$$

ここに V_{be} はベース－エミッタ間の電圧であり、わかりやすいようにここでは図 7-3 の方向にはこだわらずプラスに選ぶこととする。一方、コレクタ側のベース端 $x=w$（この場合も空乏層は除く）でも同様の式が成り立つが、こちらは逆バイアス接合であるから

$$n(w) = n_p \exp\left(\frac{-eV_{cb}}{kT}\right) \tag{7.17}$$

となって、きわめて小さい値である。ここでも V_{cb} はプラスに選んでいる。
(7.16)、(7.17) 式を境界条件として (7.15) 式を解くと、

$$n(x) = n_p + n_p \left(\exp\left(\frac{eV_{be}}{kT}\right) - 1\right) \frac{\sinh((w-x)/L_e)}{\sinh(w/L_e)}$$
$$+ n_p \left(\exp\left(\frac{-eV_{cb}}{kT}\right) - 1\right) \frac{\sinh(x/L_e)}{\sinh(w/L_e)} \tag{7.18}$$

$$\because \sinh(x) = (\exp(x) - \exp(-x))/2$$
$$\cosh(x) = (\exp(x) + \exp(-x))/2$$
$$d/dx(\sinh(x)) = \cosh(x)$$
$$d/dx(\cosh(x)) = \sinh(x)$$

となる。ここに $L_e = \sqrt{D_e \tau_e}$ である。$w \ll L_e$ のときこれはほぼ直線となって、ダイオードの場合と顕著な違いを示す。この様子を図7-7に示す。

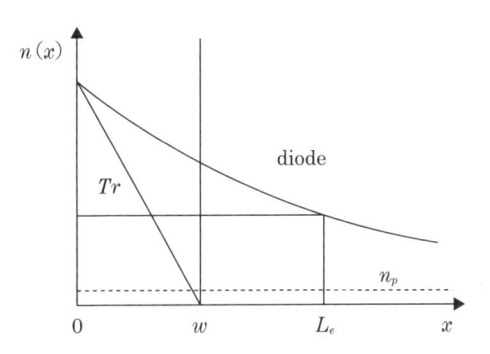

図 7-7 ダイオードとトランジスタのベースにおける注入キャリヤ分布の違い

電流は $-eD_e dn/dx$ で与えられるから $x=0$、および $x=w$ においてそれぞれ

$$J_n(0) = -\frac{eD_e n_p}{L_e}\left\{\left(\exp\left(\frac{eV_{be}}{kT}\right) - 1\right)\frac{\cosh(w/L_e)}{\sinh(w/L_e)} + \left(\exp\left(\frac{-eV_{cb}}{kT}\right) - 1\right)\frac{1}{\sinh(w/L_e)}\right\}$$
$$\tag{7.19}$$

$$J_n(w) = -\frac{eD_e n_p}{L_e}\left\{\left(\exp\left(\frac{eV_{be}}{kT}\right) - 1\right)\frac{1}{\sinh(w/L_e)} + \left(\exp\left(\frac{-eV_{cb}}{kT}\right) - 1\right)\frac{\cosh(w/L_e)}{\sinh(w/L_e)}\right\}$$
$$\tag{7.20}$$

両式とも ｛ ｝ の中の第2項は第1項に比べて十分小さい。したがって、輸送効率 β は

$$\beta = \frac{J_n(w)}{J_n(0)} \sim \frac{1}{\cosh(w/L_e)} \sim 1 - \frac{1}{2}\left(\frac{w}{L_e}\right)^2 \tag{7.21}$$

$$\because \cosh(x) = 1 + x^2/2! + x^4/4! + \cdots\cdots + x^{2n}/(2n)! + \cdots\cdots$$

となる。

一方エミッタ注入効率 γ は、エミッタ側に流れるホール電流が

$$J_p(0) = -\frac{eD_h p_n}{L_h}\left(\exp\left(\frac{eV_{be}}{kT}\right) - 1\right) \tag{7.22}$$

となるから

$$\begin{aligned}
\gamma &= \frac{J_n(0)}{J_n(0) + J_p(0)} \\
&= \frac{eD_e n_p/w}{eD_e n_p/w + eD_h p_n/L_h} \\
&= \frac{1}{1 + D_h p_n/D_e n_p \cdot w/L_h} \\
&= \frac{1}{1 + \sigma_h/\sigma_e \cdot w/L_h}
\end{aligned} \tag{7.23}$$

$$\because \sinh(x) = x + x^3/3! + x^5/5! + \cdots\cdots + x^{2n+1}/(2n+1)! + \cdots\cdots \text{ より}$$
$$x \ll 1 \text{ で } \sinh(x) \sim x,$$
$$\sigma_e = en_n\mu_e = e^2/kT \cdot n_n \cdot D_e = e^2/kT \cdot n_i^2/p_n \cdot D_e$$

となる。以上から電流増倍率 α は

$$\alpha = \gamma\beta M \sim \left(1 - \frac{1}{2}\left(\frac{w}{L_e}\right)^2\right)\left(1 - \frac{\sigma_h}{\sigma_e}\frac{w}{L_h}\right) \tag{7.24}$$

と近似される。電流増倍率を上げるには、ベース幅 w を拡散長に比べて十分薄くすること、およびベースに比べて相対的にエミッタの導電率を増せばよい、すなわちドーピングを高めればよいことがわかる。

2. 遮断周波数

直流バイアスに微少な交流信号を重ねた場合の特性を調べてみよう。ベー

ス―エミッタ間の電圧を
$$V_{be} = V_{be0} + v' \exp(i\omega t) \tag{7.25}$$
と書くと、交流分は微少であるから、ベースに注入される電子を直流分と交流分に分けて

$$n(0) + n'(0) = n_p \exp\left(\frac{eV_{be0} + ev' \exp(i\omega t)}{kT}\right)$$
$$= n_p \exp\left(\frac{eV_{be0}}{kT}\right)\left(1 + \frac{ev'}{kT}\exp(i\omega t)\right) \tag{7.26}$$

$$\because \exp(x) = 1 + x^1/1! + x^2/2! + \cdots\cdots + x^n/n! + \cdots\cdots$$

と書ける。

時間を含む連続の方程式は
$$\frac{d(n+n')}{dt} = D_e \frac{d^2(n+n')}{dx^2} - \frac{n+n'-n_p}{\tau_e} \tag{7.27}$$
であるから
$$i\omega n' = D_e \frac{d^2(n+n')}{dx^2} - \frac{n+n'-n_p}{\tau_e} \tag{7.28}$$
である。これを直流分と交流分に分けると、直流分は（7.15）式と同じものとなり、交流分は
$$i\omega n' = D_e \frac{d^2 n'}{dx^2} - \frac{n'}{\tau_e} \tag{7.29}$$
となる。したがって
$$\frac{d^2 n'}{dx^2} = \frac{1+i\omega\tau_e}{D_e \tau_e} n' = \frac{1+i\omega\tau_e}{L_e^2} n' \tag{7.30}$$
直流分の式と比較すると、この交流分に対する式は等価的に拡散長を $\sqrt{1+i\omega\tau_e}$ で割ったものになっていることが知られる。このため交流の輸送効率 β は
$$\beta = 1 - \frac{1}{2}(1 + i\omega\tau_e)\left(\frac{w}{L_e}\right)^2 \tag{7.31}$$
となる。直流の輸送効率 β_0 と比較すると

$$\frac{\beta}{\beta_0}=\frac{1+\frac{1}{2}\left(\frac{w}{L_e}\right)^2}{1+\frac{1}{2}(1+i\omega\tau_e)\left(\frac{w}{L_e}\right)^2}=\frac{1}{1+i\omega\tau_e\frac{w^2}{2L_e^2}/\left(1+\frac{1}{2}\left(\frac{w}{L_e}\right)^2\right)}=\frac{1}{1+i\omega/\omega_0}$$

$$\because \ 0<x\ll1 \ \text{のとき} \ 1-x=1/(1+x) \qquad (7.32)$$

ここに

$$\omega_0=\frac{2L_e^2}{\tau_e w^2 \beta_0}\sim\frac{2D_e}{w^2} \qquad (7.33)$$

であり、$f_a=\omega_0/2\pi$ を α 遮断周波数（α-cut off frequency）という。このとき

$$|\beta|=\frac{\beta_0}{\sqrt{2}} \qquad (7.34)$$

となり、交流分は直流分に比べて 3dB 減少する。また位相を 45 度遅らせる。これはちょうどエミッター-ベース間にキャパシタがあるかのごとく電流-電圧を変化させるので、これを拡散容量 C_d という。同様の効果は (7.23) 式からわかるようにエミッタ注入効率 γ にも若干影響をおよぼすが、σ_h/σ_e を十分小さくすればあまり影響はない。したがって電流増倍率 α もほぼ β と同じ周波数特性を持つ。遮断周波数以上の高い周波数の交流信号に対しては増幅率が著しく減少し、トランジスタ作用がほとんど行われないことになる。なお、

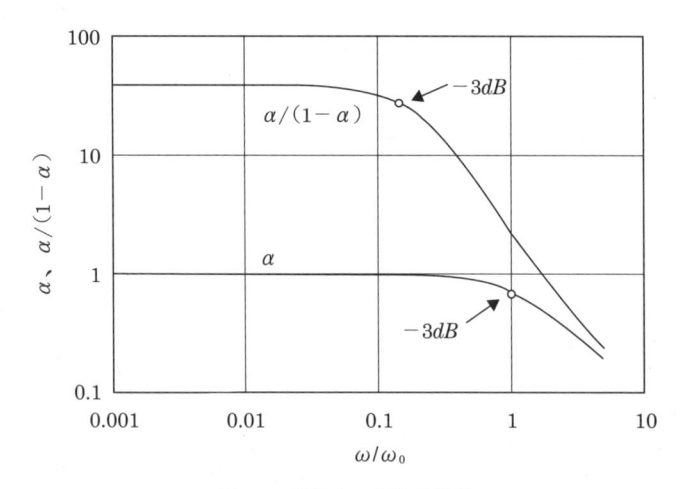

図 7-8　増倍率の周波数特性

エミッタ接地では増倍率は$\alpha/(1-\alpha)$で与えられるから、3dB下がる周波数はベース接地よりもさらに低くなる。図7-8にこれら増倍率の周波数依存性を示す。

実際のトランジスタでは、各領域に抵抗が存在し、電流が流れることによって電圧降下を引き起こす。また、エミッター ベース、ベースーコレクタの各p-n接合には接合容量があり、これらを含んだベース接地等価回路を示すと図7-9となる。ここに抵抗は接合部のそれと接合までの抵抗に分けてある。また、$I_e{}'$はエミッタ電流I_eのうち、エミッターベース接合容量C_eを通して流れる分を差し引いたものである。

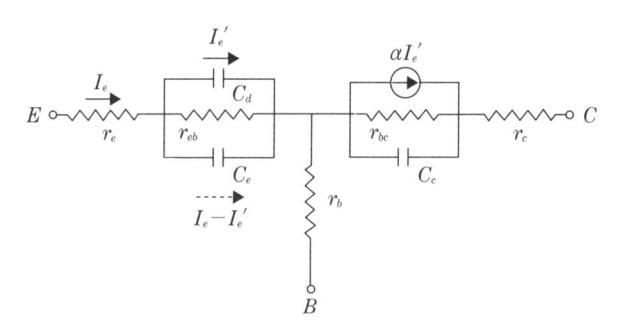

図7-9 高周波でのベース接地等価回路

3. 電界効果トランジスタ

バイポーラトランジスタが少数キャリヤを利用するデバイスであるのに対して、多数キャリヤの流れる領域（チャンネル；channel）を電界によって変化させトランジスタ動作を実現するものがある。これを電界効果トランジスタ（field effect transistor；FET）という。動作原理を理解しやすいデバイスとしてまず接合型電界効果トランジスタ（junction FET；J-FET）を取りあげる。図7-10のように狭いn型領域の両側に相対してp型領域を設ける。p型領域の周りにはp-n接合の空乏層が広がる。p層をゲート（gate）、キャリヤの供給元領域をソース（source）、流れ込む側をドレイン（drain）という。ソース、ド

レイン間に電圧を加えると、n型チャンネルの中を電子が電界に引かれて流れる。ゲートに電圧をかけると、空乏層幅、したがってチャンネル幅が変わり、流れる電流を制御できる。このように J-FET は多数キャリヤデバイスである。以下に電圧印加によりどのように状態が変化するかを見てみよう。

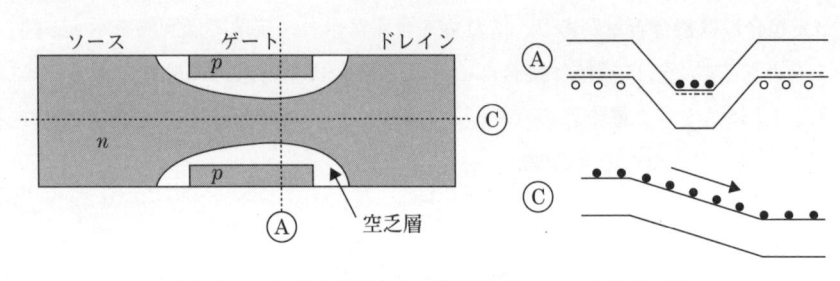

図 7-10　J-FETの構造とA、C断面に沿ったエネルギー図

(1) 線形領域

ゲートとソースを同電位にし、これに対してドレイン電圧を上げ（電子のポテンシャルは下げ）ていくと電界が増して電流が増加する。

(2) ピンチオフ（pinch off）

次第に電圧を増していくと空乏層幅がどんどん広がっていき、ついには上下の空乏層が繋がるときが来る。これをピンチオフという。このとき、電流が流れなくなるわけではない。$n\text{-}p\text{-}n$トランジスタで少数キャリヤの電子がコレクタ接合の空乏層を加速されて通るように、多数キャリヤでも同じ事情で電界に加速されてドレインに達する。

(3) 飽和領域

ピンチオフ以上にドレイン電圧を上げていくと、上下の空乏層は面で接触するようになる。この面の左端をP点とする。さらに電圧を上げると、空乏層が広がりP点は左に移動する。しかし新たなP点の電位は以前のこの点の電位と変わらないからP点に到達する電子の量は変わらない。したがって電流は飽和

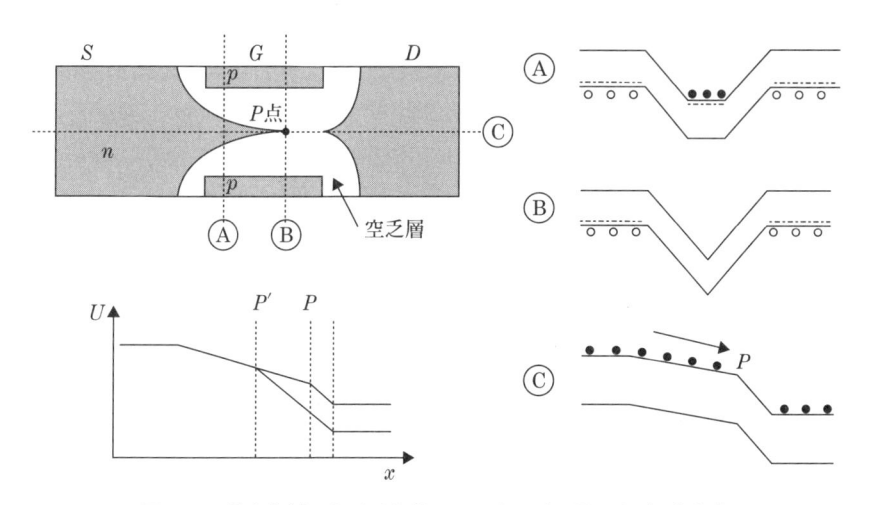

図 7-11　飽和領域における各断面のエネルギー図およびP点移動によるポテンシャルの変化

する。図 7-11 には飽和領域における A、B、C 各断面に沿ったエネルギー図およびポテンシャルの変化を示す。

　以上の考察から類推される J-FET の電流一電圧特性の一例を図 7-12 に示す。バイポーラトランジスタが電流制御型デバイスであるのに対して FET は電圧制御型のデバイスである。

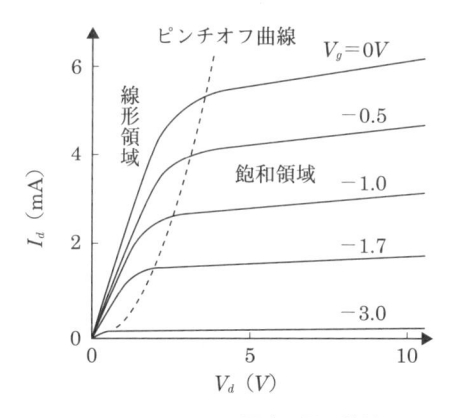

図 7-12　J-FETの電流一電圧特性

4. MOS型トランジスタ

　半導体表面に絶縁膜を介して電極を設け、これに電圧をかけて半導体表面のポテンシャルを変化させることによって電流を制御する形の電界効果トランジスタがある。金属（metal）―絶縁膜（insulator）―半導体（semiconductor）の構成であるのでMIS型トランジスタと呼ばれる。Siでは表面を酸化しSiO_2とすることによりきわめて良好な絶縁膜を形成することができる。絶縁膜に酸化膜を使うので、Siを使ったこの構造をMOS（metal oxide semiconductor）型トランジスタともいう。このMOS型トランジスタは構造が簡単で小型化に向いているので、現在LSIを構成するトランジスタは特別の場合を除きほとんどすべてがMOS型トランジスタである。キャリヤとして電子を用いるものをnチャンネルMOS（n-MOS）、ホールを用いるものをpチャンネルMOS（p-MOS）という。またこれらをペアで用いる電子回路の名称であるc-MOS（complementary MOS）という語もしばしば目にする。MIS型トランジスタの変わったものでは、液晶テレビの画素を駆動するため画面一面に配置されているTFT（thin film transistor）も半導体に薄膜のアモルファス（amorphous）Siを使ったMIS型トランジスタである。図7-13にMIS型トランジスタの基本構造を示す。

　nチャンネルMOSを例にゲート電極下部の半導体で何が起こるかを見てみよう。さしあたり仕事関数（work function；真空レベルとフェルミレベルの

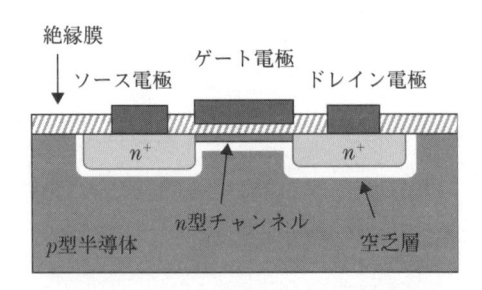

図7-13　MIS型トランジスタの基本構造

差）は金属と半導体とで同じとする。nチャンネルMOS（p型基板）でゲートにマイナス電圧を印加すると表面にホールが蓄積（accumulate）する。逆にプラス電圧を印加すると表面からホールが追い出されて空乏層ができる。さらに電圧を増すと表面近傍の伝導帯の底がフェルミレベルに近づき、極薄いn型層が形成される。これがチャンネルとなる。p型の半導体がn型になるので、これを反転（inversion）という。また、この外側には空乏層が広がる。

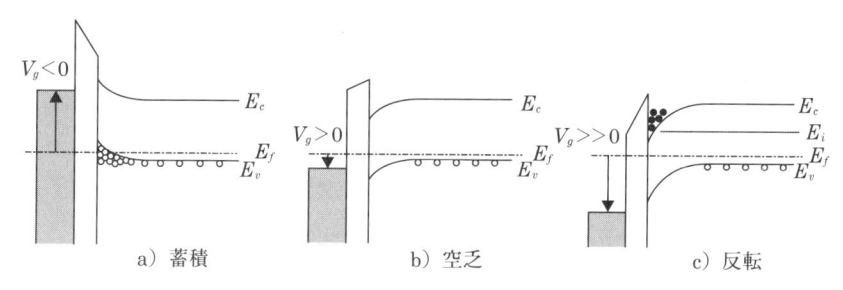

a) 蓄積　　　b) 空乏　　　c) 反転

図7-14　nチャンネルMOSのゲート電圧による表面近傍のバンド変化

反転はバンドの曲がりが真性半導体のフェルミレベルE_iを切るあたりからわずかに始まり、このとき半導体に加わる電圧V_Fは

$$V_F = (E_i - E_f)$$

である。さらに電圧を高め$2V_F$程度になると、反転層のキャリヤ密度は元のp型のキャリヤ密度と同程度になる。これを強い反転という。これ以上の電圧を印加しても反転層のキャリヤ密度は半導体表面のわずかなE_cの低下によって指数関数的に増加するので、もはや空乏層がこれ以上広がることはない。強い反転状態で絶縁膜にかかる電圧（金属—チャンネル間電圧）は$V_g - 2V_F$となるから、絶縁膜の静電容量をCとして

$$Q_m = -(Q_i + Q_d) = C(V_g - 2V_F) \tag{7.35}$$

ここにQ_m、Q_i、Q_dはそれぞれゲート電極、反転層（チャンネル）、空乏層中の電荷である。これから

$$Q_i = -C(V_g - V_{th}) \tag{7.36}$$

となる。ここに

$$V_{th}=2V_F-Q_d/C \tag{7.37}$$

をしきい値電圧 (threshold voltage) という。(7.36) 式は、強い反転状態ではチャンネル中のキャリヤは V_g の増加とともに直線的に増えることを示している。

一般には仕事関数の違いや、絶縁体中あるいは界面に存在する電荷 (固定電荷) により $V_g=0$ でもバンドが曲がる。固定電荷を Q_{fix}、金属の仕事関数を Φ_m、半導体のそれを Φ_s とすると

$$V_{fb}=(\Phi_m-\Phi_s)/e-Q_{fix}/C \tag{7.38}$$

をフラットバンド電圧 (flat band voltage) という。しきい値電圧も当然この分を加える必要があり、

$$V_{th}=2V_F-Q_d/C+V_{fb} \tag{7.39}$$

となる。$V_g=0$ でもチャンネルがあるものをデプレッション (depletion) 型、V_{th} の電圧を加えて初めてチャンネルができるものをエンハンスメント (enhancement) 型という。これらの種類によりゲートに印加する電圧は異なるが、適正な電圧を印加することによってゲート下部にチャンネルを作ると、

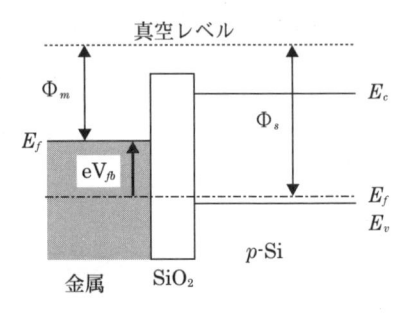

図7-15 金属と半導体の仕事関数

MOS型トランジスタはJ-FETと同様の動作をする。

図7-16に n チャンネルのMOS型トランジスタの動作説明図を示す。ソースを接地し、ゲートに電圧 V_g を加える。V_g をしきい値 V_{th} より高くすることによりチャンネルを形成する。ソース側のチャンネル端を $x=0$、ドレイン側の端を $x=L$ とする。ドレイン電圧を加えて電流を流すとチャンネル内に電位分布ができる。このため、チャンネル中の単位面積当たりの電荷量 Q_i も変化する。V_d が低いときにはピンチオフは発生しない。このとき、

$$Q_i(x)=-C(V_g-V_{th}-V(x)) \tag{7.40}$$

である。ドレイン電流 I_d は電子のドリフトによるものであるから、チャンネル幅を w とし

$$I_d = -w\mu_e Q_i(x)\frac{dV(x)}{dx} \tag{7.41}$$

単位 $[I_d] = [\text{mm}^2\text{V}^{-1}\text{s}^{-1}\text{Cm}^{-2}\text{Vm}^{-1}] = [\text{C/s}] = [\text{A}]$

これから

$$\frac{dx}{dV} = \frac{w\mu_e C}{I_d}(V_g - V_{th} - V(x)) \tag{7.42}$$

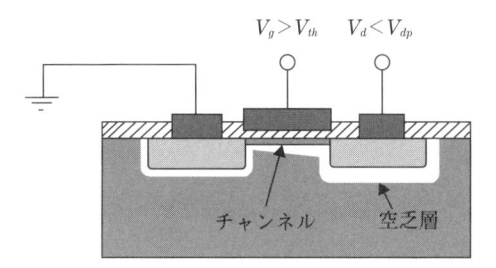

a) 線形領域

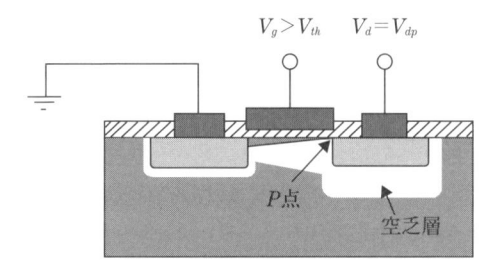

b) ピンチオフ

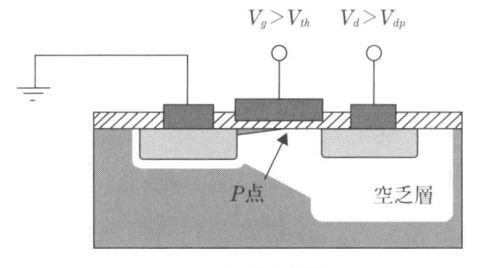

c) 飽和領域

図7-16　MOS型トランジスタの動作説明図

となる。積分して

$$x = \frac{w\mu_e C}{I_d}\left((V_g - V_{th})V - \frac{V^2}{2}\right) + c \tag{7.43}$$

$x=0$ で $V=0$ から $c=0$、また、$V<V_g-V_{th}$ から

$$V(x) = (V_g - V_{th}) - \sqrt{(V_g - V_{th})^2 - \frac{2I_d}{w\mu_e C}x} \tag{7.44}$$

が求まる。電流はどこでも一定であるから、(7.44)式で $x=L$、$V=V_d$ とおいて

$$I_d = \frac{w\mu_e C}{L}\left((V_g - V_{th})V_d - \frac{V_d^2}{2}\right) \tag{7.45}$$

が得られる。

ピンチオフは $Q_i(x)=0$ (P点) で起こり、(7.40)式から最初にドレイン側のチャンネル端に発生することがわかる。このときのドレイン電圧は

$$V_{dp} = V_g - V_{th} \tag{7.46}$$

である。これをピンチオフ電圧という。またこのときドレイン電流は

$$I_{dp} = \frac{w\mu_e C}{2L}(V_g - V_{th})^2 = \frac{w\mu_e C}{2L}V_{dp}^2 \tag{7.47}$$

となり、ドレイン電圧の2乗に比例することがわかる。ピンチオフよりさらにドレイン電圧を上げた場合には J-FET と同様に P 点が移動するが、この点の電位はピンチオフ時と変わらない。したがって電流は飽和する。

飽和領域で動作する MOS 型トランジスタの小信号動作時の等価回路は図7-17のように表される。ここに C_{gs}、C_{gd} はゲート－ソース間、ゲート－ドレイン間の容量を表す。また g_m は相互コンダクタンスであり、(7.47)式から

$$g_m = \frac{\partial I_d}{\partial V_g} = \frac{w\mu_e C}{L}(V_g - V_{th}) = \frac{w\mu_e C}{L}V_{dp} \tag{7.48}$$

単位 $[g_m] = [\text{mm}^2\text{V}^{-1}\text{s}^{-1}\text{Fm}^{-2}\text{m}^{-1}\text{V}] = [\text{s}^{-1}\text{CV}^{-1}] = [\Omega^{-1}]$

で与えられる。

遮断周波数 f_T を入力電流と出力電流が等しくなる、すなわち増幅作用がなくなる周波数と定義すると、入力電圧を V_i として

$$\omega(C_{gs}+C_{gd})V_i = g_m V_i \tag{7.49}$$

の関係を満たす周波数である。

$$C_{gs}+C_{gd}=C\cdot w\cdot L \tag{7.50}$$

であるから

$$f_T = \frac{g_m}{2\pi(C_{gs}+C_{gd})} = \frac{\mu_e V_{dp}}{2\pi L^2} \tag{7.51}$$

となる。高い遮断周波数を得るには、移動度の高いこと、チャンネル長 L が短いことが必要なことがわかる。

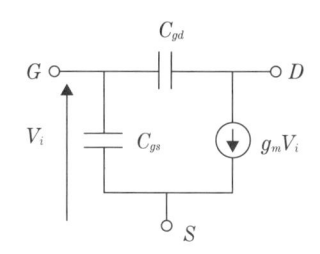

図7-17　MOS型トランジスタの等価回路

5. 集積回路

　トランジスタと他の電子回路部品である L、C、R の集積およびこれらの間の配線を半導体チップ上で行えば電子回路が半導体の中に入ってしまう。これが IC（integrated circuit）であり、大規模なものを LSI（large scale integration）という。第13章でトランジスタの製造方法を述べるが、L、C、R も同様のプロセスで形成することができるため、一括してこれら電子部品を半導体基板上に作るものである。1960年代に始まったときは数個の素子の集積であったが、その後の集積度の向上は目覚ましく、たとえばメモリの容量を表す単位がキロビットからメガビットとなり、現在はギガビットの時代に入りつつある。すなわち部品数にして10億倍程度の集積度向上があったわけである。

　ここで単位のビット（bit；binary digit）について説明しておくと、1か0かという1つの選択のことを1ビットという。2ビット、すなわち2回選択ができると結果の状態は4つあることになる。3ビットあれば、2^3 すなわち8種類の状態のうちの1つを指定することができる。英数字は8ビット（$=2^8=256$ 通り、これを1バイト（Byte）と呼ぶ）で表され、日本語1文字は2バイト（$=16$ビット$=65,536$通り）を使って表される。したがって1Gbitのメモリ

は文庫本300冊ほどを記憶できることになる。1か0かの選択にはトランジスタのON, OFFを対応させることができる。またビットとその組み合わせ数はちょうど2進法の桁数と数に対応している。2進法に現れる数字は0と1のみであり、この四則演算を入出力の1、0の関係を定める3種の論理回路（AND回路、OR回路、NOT回路）の組み合わせによって行うことができる。

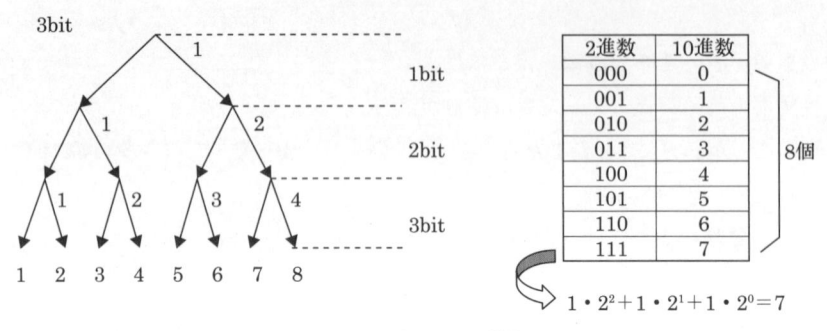

図7-18　ビットと2進数

　図7-19、7-20に代表的なLSIであるDRAM（dynamic random access memory）の基本的な構造とその回路構成を示す。これはパソコンなどの記憶素子として広く用いられているものである。MOS-FETとキャパシタの組み合わせが1つの単位となっており、二次元に配置され縦横m、nで番地（address）が指定される。1GDRAMはこの単位が10^9個あるわけである。1つのワード線およびビット線（データ線）のみに電圧を印加すると当該番地のトランジスタを駆動でき、このときのビット線の電圧によってキャパシタに充電するかしないかが決まる。これでこの番地に1か0かのデータが記録される。読み出すときにはやはりゲートを開け、今度はビット線に流れる電流を見るわけである。キャパシタが充電されている番地を見たとき電流が流れるが、もともと充電されていなければ流れない。これを1、0として読みとる。DRAMではキャパシタに蓄えられる電荷は自然放電のため次第に失われてしまう。このため一定時間ごとに書き換えを行い正常に記憶を保つ操作をしている。これをリフレッシュという。

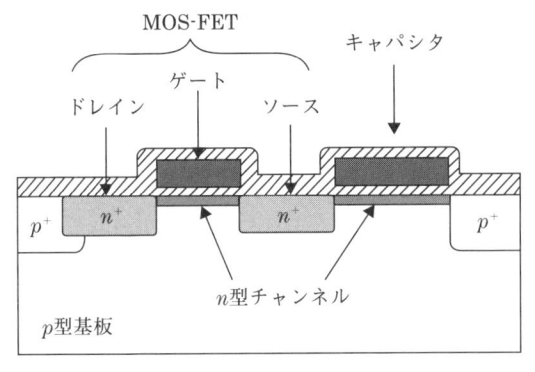

図 7-19　**DRAMの基本構造**

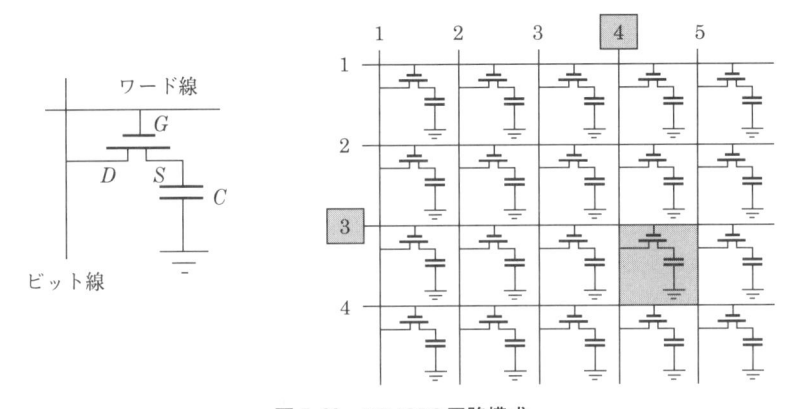

図 7-20　**DRAMの回路構成**

　DRAMは電源を切ると記憶は直ちに失われてしまう。電源を切っても残る記憶にはこれまで磁気記録（ハードディスク）や光記録に頼ってきた。最近、ゲート下にもう1つの電極（フローティングゲート）を設け、これにトンネル効果を用いてキャリヤを注入する構造のフラッシュメモリがその記憶容量を飛躍的に増してきた。このため、小型、軽量、可動部分がないなどの利点から、次第にこれらの用途の一部を代替しつつある。

　LSIの本命はなんといってもマイクロプロセッサであろう。CPU（central processing unit）などとも呼ばれる。すなわち中央演算装置である。この回

路は先の3種の論理回路による演算部を基本とするが、そのほかにも様々な機能を持った回路部品が複雑に組み合わさってできている。CPUはコンピュータの中心であり、プログラムという一種の手順書を自ら解読・実行し、メモリとのデータのやりとりをしながら各種演算を行い、また外部の様々な部品、機器との情報交換をする。しかもそれを人間の能力を遙かに超えた高速度で行う。高集積化は高速化にも大きく寄与した。トランジスタのゲート長や素子間配線などが短くなる分、キャリヤの走行時間が短縮するとともに、浮遊容量やインダクタンスの減少により時定数が小さくなるためである。このためパソコンのクロック周波数も数GHzとなり初期の数百倍の速度となった。CPUの機能を簡略化したものにMCU（micro controller unit）というものがある。いわゆるマイコンである。今日、あらゆる電気製品に、といってよいほどこのMCUは使われている。AV機器はもとより電気釜や洗濯機、太陽光発電装置にいたるまで、何か自動で制御したいというと必ずMCUが組み込まれる。さらには、CPUやメモリの別なく電子回路で構成されるシステムのすべてを1チップに載せてしまうシステムLSIが多くの分野で使われるようになっている。

演習問題

1. p-n接合ダイオードを2つ、反対向きに繋ぐとn-p-p-nの形となる。これはトランジスタとして動作するか、理由とともに答えよ。
2. p-n-p型トランジスタの動作時（電圧印加時）におけるエネルギーバンド図を書き、そのときのキャリヤの流れを説明せよ。
3. n-p-nトランジスタで、ベース幅が20μm、エミッタおよびベースの抵抗率をそれぞれ、0.1Ωcm、5Ωcmとして、次の値を求めよ。ただし、ベース中の電子の拡散定数、寿命時間は$D_e=40\text{cm}^2/s$、$\tau_e=50\mu s$、エミッタ中のホールのそれらは$D_h=20\text{cm}^2/s$、$\tau_h=10\mu s$とする。
    a) 注入効率 γ
    b) 輸送効率 β
    c) 電流増幅率 α

  d）α遮断周波数 f_α

4. ゲート長 10μm、幅 20μm、酸化膜の厚さ 0.1μm の n チャンネル MOS トランジスタを作ったところ、しきい値電圧 V_{th} は $1.5V$ であった。ゲート電圧 $5V$ のときこのトランジスタの以下の値を求めよ。ただし、酸化膜の比誘電率は 3.8、電子の移動度は $700\mathrm{cm}^2/Vs$ とする。

  a）ピンチオフ電圧 V_{dp}
  b）ピンチオフ時の電流 I_{dp}
  c）相互コンダクタンス g_m
  d）遮断周波数 f_T

第8章

III-V族半導体とヘテロ接合

1. III-V族半導体

　III-V族結晶は B、Al、Ga、In などのIII族原子と N、P、As、Sb などのV族原子の組み合わせであり、いろいろな組み合わせが可能である。GaAs、AlAs、InP、GaP、GaN、InSb 等々である。これらは2つの元素を含むので2元系結晶（binary compound）と呼ばれる。これらの多くはジンクブレンド型の結晶構造をとり、ほとんどが半導体の性質を示す。

　III-V族結晶である GaAs と AlAs は任意の比率で混ざり合った結晶を作る。すなわち、GaAs 結晶中の Ga 原子の一部が Al 原子で置き換わったものである。このようなものを混晶（mixed crystal）といい、元素記号を用いて $Al_xGa_{1-x}As$ のように表示する。ここに $0<x<1$ である。組成を省略して、AlGaAs のようにも書く。混晶は通常格子定数の似通った結晶を基板に用い、この上に結晶成長して作られる。光デバイスなどに用いられる代表的なIII-V族混晶には以下のようなものがある。

　　　AlGaAs/GaAs
　　　InGaAsP/InP
　　　AlGaInP/GaAs
　　　InGaN/GaN

ここに / の右に書かれた結晶が基板を表している。AlGaAs は3つの元素からなり、AlGaInP は4種の元素からなっているので、それぞれ3元系、4元系混晶といわれる。また、III族とV族の元素をそれぞれ2つずつ含む InGaAsP

第8章 Ⅲ-Ⅴ族半導体とヘテロ接合　99

も同様に4元系の混晶である。混晶はその組成に従ってバンドギャップを変え、また結晶の格子定数も変わる。図8-1にAlGaAsおよびInGaAsPのバンドギャップと格子定数の関係を示す。また、図8-2には青色レーザなどに使われるAlGaInNのそれを示す。組成を連続的に変えていくと、3元系ではそれ

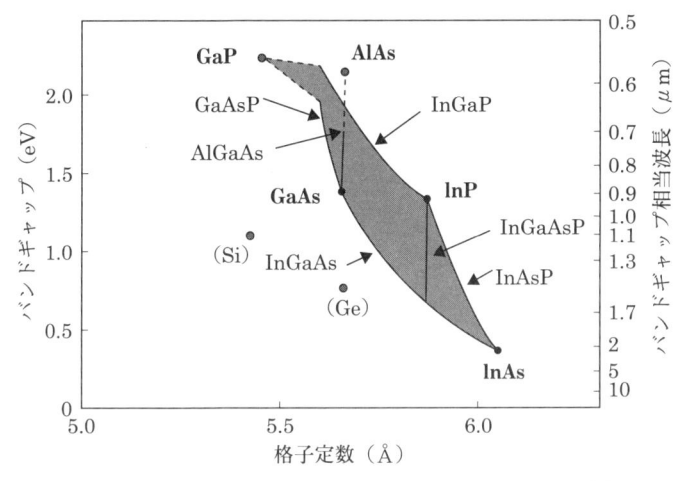

図8-1　AlGaAsおよびInGaAsPのバンドギャップと格子定数

それ純粋の結晶が示すバンドギャップ―格子定数の2点を繋ぐ線上を移動することになる。GaAsとAlAsはたまたま格子定数が近く、ほぼ垂直の線となっている。図8-2に示すようなⅢ族またはⅤ族の元素が3種ある4元系の場合には、3種の結晶の混合割合によって、AlGaNなどのそれぞれ3元系のとる3本の線で囲まれた三角

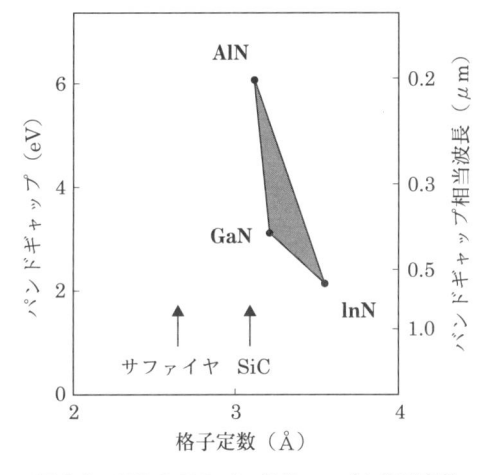

図8-2　AlGaInNのバンドギャップと格子定数

形様の内部いずれかの点でバンドギャップ、格子定数が指定される。InGaAsPのようにⅢ族およびⅤ族の元素が2種ずつの4元系では4種類の結晶が混じっていると考えることができるから、通常4辺に囲まれた面内の1点で指定できる。なお、InGaAsPの場合、組成がGaPに近づくと破線で示すような不規則なバンドギャップの変化となるのは、後述する間接遷移の影響であり、伝導帯の最小エネルギー点がΓ点以外に移るためである。発光デバイスの発光波長はおよそバンドギャップによって決まるので、所望の波長を得るためにはそのバンドギャップに合わせた組成の結晶を成長させる必要がある。そこで、格子定数を基板に合わせながら、所定のバンドギャップとなるよう組成を選択する。図8-1に示したInPから下に伸びたInGaAsPと記した垂直線はInP基板と格子整合した組成のInGaAsPの軌跡を示しており、この材料を用いて波長がおよそ0.9から1.7μmの発光デバイスを製作可能であることがわかる。

　良質な混晶を成長するには基板と結晶構造が同じであるのみならず、その格子定数がほとんど一致していなくてはならない。AlGaInNはGaN基板が入手できなかった初期には結晶構造も異なり、格子定数も満足に一致しないサファイヤやSiCを基板にせざるを得ず、良質の結晶を得ることは難しかった。その意味で、初めてデバイスに用いられた混晶であるAlGaAsはGaAs基板とたまたま格子定数が等しい幸運な組み合わせであった。

2. 格子整合

　基板と格子定数の異なる結晶を成長すると、基板との界面で何原子かに1つは結合にあずかれない原子ができてしまう。すなわち相手のいない宙ぶらりんな結合手が残る。これをダングリングボンド（dangling bond）という。この周囲には界面準位が形成され、ポテンシャルを変化させるとともに、一般に少数キャリヤの再結合寿命を減少させる。ダングリングボンド周辺は部分的に原子間隔が異なるためきわめて大きな内部応力がかかることになる。結晶が応力に耐えられなくなると周辺の原子がすべり1原子ずつ隣の原子と結びつくよう

になる。このようにして、すべった部分と元のままの部分の境界に転移が発生する。代表的な転移の形態である刃状転移（edge dislocation）およびらせん転移（screw dislocation）の原子配列をその加わる力の方向とともに図8-3に示す。いずれもダングリングボンドは線状に並ぶことがわかる。転移にはダングリングボンドが高密度で存在するので、この周辺では再結合は著しく促進される。この再結合は非発光再結合（nonradiative recombination）である。このため転移の多い結晶は発光デバイスには適さない。また、この非発光再結合で放出されるフォノンのエネルギーによって転移が増殖する現象も多くの材料で認められる。開発初期のGaAsレーザがきわめて短寿命であったのはこの理由による。

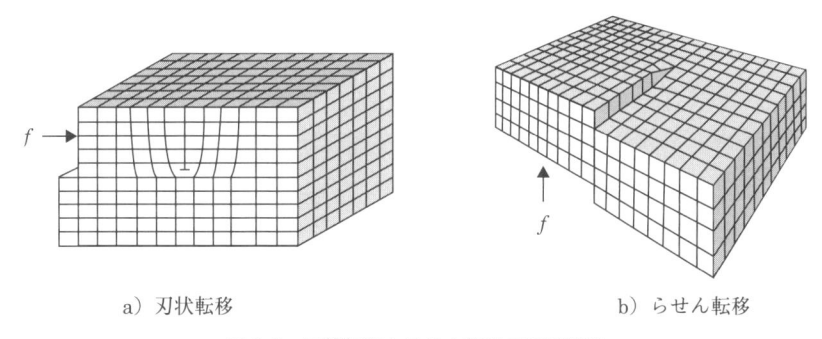

a) 刃状転移　　　　　　　　　b) らせん転移

図8-3　刃状転移とらせん転移の原子配列

わずかな格子定数の違いが多くのダングリングボンドを作ることを簡単な計算で示してみよう。まず1次元の場合から考えてみる。長さxに1つのダングリングボンドがあるとすると線密度は

$$D = \frac{1}{x} \tag{8.1}$$

である。格子定数をd_1、d_2とすると

$$x = n_1 d_1 = n_2 d_2 \tag{8.2}$$

$$n_2 - n_1 = 1 \tag{8.3}$$

であるから

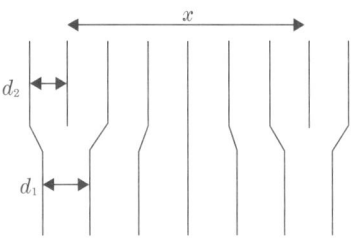

図8-4　一次元の格子ミスマッチ

$$n_1 d_1 = (n_1+1)d_2$$
$$\therefore n_1 = \frac{d_2}{d_1-d_2} \tag{8.4}$$

したがって

$$D = \frac{1}{x} = \frac{1}{d_2} - \frac{1}{d_1} \tag{8.5}$$

これはボンドの線密度の差になっている。二次元の場合はボンドの面密度の差を計算することにより同様に求めることができる。

$$D = \frac{B_2}{S_2} - \frac{B_1}{S_1} \tag{8.6}$$

ここに B は面積 S から出るボンドの数である。二次元の場合、界面の方向によってボンドの数が異なることに注意する必要がある。ダイヤモンド格子またはジンクブレンド格子の場合、単位立方格子中の各面における原子数、ボンドの数、ボンド密度を計算すると表8-1のようになる。

表8-1 単位立方格子中の各面の面積とボンド密度

面	原子数	ボンド数	面積	ボンド密度
(111)	2	2	$\sqrt{3}/2 \cdot d^2$	$4/\sqrt{3}/d^2$
(110)	4	4	$\sqrt{2} \cdot d^2$	$4/\sqrt{2}/d^2$
(100)	2	4	d^2	$4/d^2$

(111)面を例にとって実際に数えてみよう。図8-5に示すようにこの面は1つの単位立方格子中では正三角形である。(111)面は隣り合う1組の三角形が作るひし形で覆い尽くされる。このことから1つの正三角形当たり2個の原子が含まれることがわかる。これらの原子はそれぞれが面に垂直に出る1本ずつのボンドを有する。したがって、(111)面から出るボンドの数は単位立方格子当たり2本と

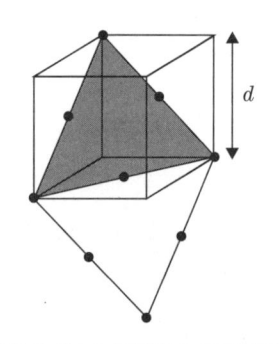

図8-5 (111)面を埋める表面原子

なる。なお配位原子（もう1つの面心立方格子に属する原子）は表面のわずかに下に位置し、かつそのボンドはすべて表面原子で終端されており、表面から顔を出すことはない。

格子定数 d_1 と d_2 の格子が (111) 面上で食い違う密度は

$$D = \frac{4}{\sqrt{3}\,d_2^2} - \frac{4}{\sqrt{3}\,d_1^2} \tag{8.7}$$

である。表 8-2 に各種半導体の組み合わせにおいて (111) 面で発生するダングリングボンドの密度を示す。

表 8-2　各種半導体の組合せにおける格子定数差と (111) 面上のダングリングボンド密度

組合せ	格子定数差 (%)	$D (/cm^2)$
Si-Ge	4.18	$6.16 \cdot 10^{13}$
Ge-GaAs	0.07	$1.02 \cdot 10^{12}$
AlAs-GaAs	0.12	$1.79 \cdot 10^{12}$

3.　ヘテロ接合

バンドギャップの異なる二種類の半導体の接合をヘテロ接合（heterojunction）という。これに対して同じ物質の接合はホモ接合（homojunction）である。ヘテロ接合には伝導型の異なる半導体の組み合わせと、n-n、p-p のように同じ伝導型の組み合わせがある。

ヘテロ接合ではバンドはどのように接続されるであろうか。伝導型の異なる半導体の組み合わせ、すなわち p-n ヘテロ接合を考える。2つの半導体が離れて存在するとき、図8-6 a) に示すように、これらはバンドギャップ E_g が異なるとともに、もう1つ物質に固有のパラメータ、電子親和力（electron affinity）χ が異なる。電子親和力は真空レベルと伝導帯下端 E_c のエネルギー差で

表 8-3　電子親和力

	χ (eV)
Si	4.01
Ge	4.13
GaAs	4.07
AlAs	3.5

ある。表 8-3 に代表的な半導体の電子親和力を示す。

アンダーソン（Anderson）は χ_1 と χ_2 の差は 2 つの半導体が接触しても保存されると考えた。これをアンダーソンモデルという。アンダーソンモデルはヘテロ接合が良好で界面準位がほとんどない場合に成り立つ。

$$\Delta E_c = \chi_1 - \chi_2 \tag{8.8}$$

と書くと

$$\Delta E_g = E_{g2} - E_{g1} \tag{8.9}$$

であるから

$$\Delta E_v = \Delta E_g - \Delta E_c \tag{8.10}$$

であり、こちらも接触時に保存される。仕事関数 Φ（すなわちフェルミレベル）は、2 つの半導体が接触すると相互にキャリヤが相手方に流れ込み、等しくなる事情はホモ接合のときと同じである。体積が同じであればそれぞれの半導体でポテンシャルの変化は図 b）のように α だけ上下する。接触したために生じる電位差、すなわち拡散電位を V_j とすると

$$eV_j = 2\alpha \tag{8.11}$$

である。

1 例として、バンドギャップの狭いほうの半導体（ナローギャップ半導体）が n 型、バンドギャップの広いほうの半導体（ワイドギャップ半導体）が p 型で、ナローギャップ半導体の伝導帯下端および価電子帯上端がいずれもワイドギャップ半導体のバンドギャップ内に入る場合を考える。このとき、伝導帯に ΔE_c だけのエネルギーの不連続が発生し、この分両半導体の伝導帯のエネル

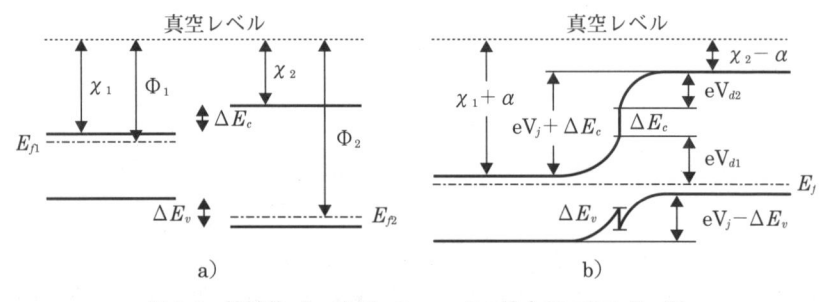

図 8-6 接触前 a）、後 b）の p-n ヘテロ接合のエネルギー図

ギー差は拡散電位より大きくなる。すなわち

$$eV_j + \Delta E_c \tag{8.12}$$

だけの差が生じる。一方、価電子帯のエネルギー差は逆に V_j より小さくなる。

$$eV_j - \Delta E_v \tag{8.13}$$

このとき価電子帯にはスパイク（spike；尖った先端）あるいはノッチ（notch；窪み）が現れる。不連続点、あるいはノッチ、スパイクの位置はキャリヤ密度で変わり、たとえば図中の V_{d1}、V_{d2} は

$$V_j = V_{d1} + V_{d2} \tag{8.14}$$

の関係があり、それぞれ

$$V_{d1} = \frac{N_a}{N_d + N_a} V_j \tag{8.15}$$

$$V_{d2} = \frac{N_d}{N_d + N_a} V_j \tag{8.16}$$

で与えられる。これらの値はホモ接合の場合の（6.40）式と同等である。

　伝導型の同じ場合も同様にフェルミレベルが一致し、かつ電子親和力の差が保存されるので、たとえば n-n ヘテロ接合の場合、図8-7のようなエネルギー図になる。p-n ヘテロ接合の場合双方の半導体層に空乏層ができるのに対して、伝導型の同じ場合には一方の半導体層には蓄積層ができる。

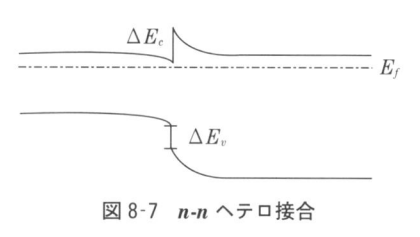

図8-7　n-n ヘテロ接合

　さて図8-6の p-n ヘテロ接合を流れる電流を考えよう。順方向にバイアスしたとき、電子は高いエネルギー障壁に阻まれて p 型側に流れることができない。一方ホールは、もしスパイクの高さがそれほど高くなく、先端が n 型半導体の価電子帯上端より下がることがなければ、これに阻まれることなく n 型側に流れる。この計算には第6章4節の p-n 接合を流れる電流を計算した同じ手法が適用できる。すなわちホモ接合の場合と同じ拡散電流が流れる。逆方向バイアスの場合もホモ接合の場合と同様にほとんど電流は流れない。したがって、p-n ヘテロ接合ダイオードはホモ接合と同じような電流 − 電圧特性を示す

が、ホモ接合では一般に電子とホール双方の電流が流れるのに対して、一方のキャリヤ（この場合はホール）のみ流れると考えてよい。ヘテロバイポーラトランジスタ（hetero bipolar transistor；HBT）として知られるトランジスタはエミッタにワイドギャップ半導体を用い、エミッタの注入効率を1にしている。

　スパイクの高さが高く、かつその幅も広い場合、キャリヤはこの障壁を越えて流れる必要がある。ベーテ（Bethe）はキャリヤの平均自由行程より幅が薄い場合、キャリヤの運動エネルギーが障壁の高さに相当するものは壁を乗り越えるとして電流を計算した。これをエミッション電流（emission current；熱電子放出電流）という。エミッション電流も拡散電流と同様の式で与えられるが、比例係数のみ異なる。(6.59) 式で見たように、拡散電流の比例係数が $eD_h/L_h \cdot p_n$ で与えられるのに対して、エミッション電流の比例係数は

$$A \cdot T^2 \exp(-\phi_B/kT) \tag{8.17}$$

となる。ここに ϕ_B はスパイクの高さである。また、A はリチャードソン（Richardson）定数といわれ、次式で与えられる。

$$A = \frac{4\pi e m^* k^2}{h^3} = \frac{e m^* k^2}{2\pi^2 \hbar^3} \tag{8.18}$$

これらは図 8-8 に示すような金属—半導体接触で生じるスパイクを飛び越えて流れる電流を考え、次のように求められる。

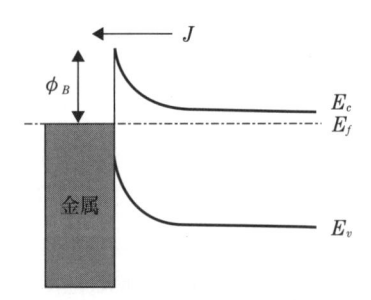

図 8-8　金属半導体接触

マクスウェル‐ボルツマンの速度分布則（付録5参照）によると、一方向に速度 v を持つ確率は、温度 T に於いて

$$f(v)=\sqrt{\frac{m^*}{2\pi kT}}\exp\left(-\frac{m^*}{2kT}v^2\right) \tag{8.19}$$

で与えられる。速度 v の電子の運動エネルギーは

$$E=mv^2/2 \tag{8.20}$$

である。これが n 型半導体中の電子の見る障壁高さ $\phi_B-(E_c-E_f)$ を越えると電子は障壁を超え金属側に流れる。この電流は

$$J=e\int_{v_{min}}^{\infty}v\cdot n_n\cdot f(v)dv=en_n\int_{v_{min}}^{\infty}v\sqrt{\frac{m^*}{2\pi kT}}\exp\left(-\frac{m^*}{2kT}v^2\right)dv \tag{8.21}$$

ここに v_{min} は障壁を乗り越える最小速度である。(8.20) 式を用いてエネルギー積分に直すと

$$J=en_n\int_{\Phi_B-(E_c-E_f)}^{\infty}\sqrt{\frac{1}{2\pi m^*kT}}\exp\left(-\frac{E}{kT}\right)dE$$

$$=en_n\sqrt{\frac{kT}{2\pi m^*}}\exp\left(-\frac{\Phi_B-(E_c-E_f)}{kT}\right)dE$$

n_n は (4.12)、(4.13) 式で与えられており、

$$=e\cdot 2\left(\frac{m^*kT}{2\pi\hbar^2}\right)^{\frac{3}{2}}\exp\left(-\frac{E_c-E_f}{kT}\right)\sqrt{\frac{kT}{2\pi m^*}}\exp\left(-\frac{\Phi_B-(E_c-E_f)}{kT}\right)$$

$$=\frac{m^*k^2T^2}{2\pi^2\hbar^3}\exp\left(-\frac{\Phi_B}{kT}\right) \tag{8.22}$$

が求まる。平衡状態ではもちろん金属側からも同量の電子が半導体側に流れ込んでいるわけである。有効質量が自由電子の質量に等しいとき、リチャードソン定数は

$$120A/\mathrm{cm}^2/K^2$$

となる。同じ電流を流す場合スパイクが大きいときには、ないときに比べてエミッション電流を流すだけの余分な印加電圧が必要となる。

格子の不整合が大きく、界面に多くの欠陥が生じると、界面準位が再結合センターとなってさらに別な電流が流れる。トンネル効果やエミッションなどで再結合センターに運ばれた電子とホールはここで再結合し消滅する。この電流は少数キャリヤを相手領域に注入せず、またこの再結合は非発光再結合であるから、発光デバイスでは無効な電流を流すことになる。以上から良いヘテロ接合とは、格子定数がきわめてよく一致し、界面準位が少なく、かつ、スパイクが低いまたはきわめて薄く容易にトンネルするなどの条件を満たすものといえる。

4. 量子井戸

2つのヘテロ接合を極接近させて作り、中央をナローギャップ半導体とすると図8-9に示すような一次元の量子井戸（quantum well）ができる。すなわち、電子もホールもエネルギーの低い中央のナローギャップ半導体に閉じ込められる。ここでヘテロ接合はAlGaAs-GaAsのようなきわめて良好なものとし、スパイクや表面準位を無視している。一次元量子井戸中に閉じ込められた電子のエネルギーは

$$E = \frac{\hbar^2}{2m^*} k^2$$
$$= E_n + \frac{\hbar^2}{2m^*}(k_y^2 + k_z^2) \quad (8.23)$$

と書ける。ここに

$$E_n = \frac{\hbar^2}{2m^*}\left(\frac{\pi}{L_x}n_x\right)^2 \quad (8.24)$$

は、x方向に閉じ込められるために生じる離散エネルギーであり、波数k_xが

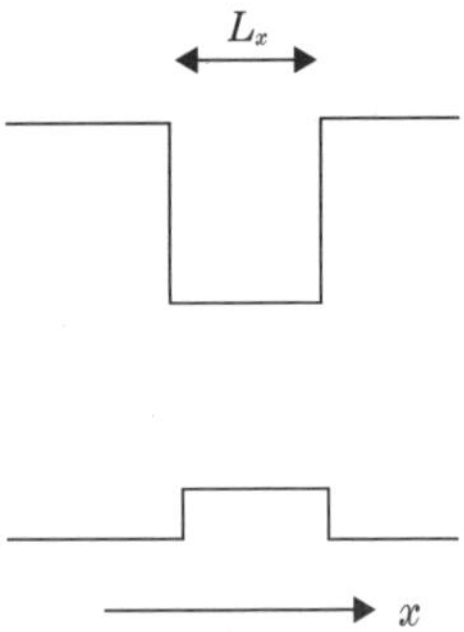

$$k_x = \frac{\pi}{L_x} n_x \quad ; \quad n_x = 1, 2, 3, \cdots \cdots \quad (8.25)$$

の離散値をとるために生ずる。y, z方向は自由なエネルギーをとれるので二次元の状態密度はLの並進対称性を用いて

図8-9 量子井戸のエネルギー図

$$\begin{aligned}\rho(E)dE &= 2(1/L^2)dn_y dn_z \\ &= 2/(2\pi)^2 \cdot dk_y dk_z \\ &= 2/(2\pi)^2 \cdot 2\pi k dk \\ &= 1/\pi \cdot k dk \\ &= m^*/(\pi\hbar^2) \cdot dE \end{aligned} \quad (8.26)$$

$$\because dE = \hbar^2/m^* \cdot k dk$$

となる。すなわち E によらない。ここに係数 2 はスピンのためである。$n_x = 1$ のとき、x 方向に単位長さ当たりの密度は $1/L_x$ である。したがって三次元の密度に書き直すと

$$\rho(E) = \frac{m^*}{\pi\hbar^2} \frac{1}{L_x} \quad (8.27)$$

となる。

$E = E_1$ におけるバルク（三次元結晶）の状態密度は

$$\rho(E_1) = \frac{1}{2\pi^2}\left(\frac{2m^*}{\hbar^2}\right)^{\frac{3}{2}} E_1^{\frac{1}{2}} \quad (8.28)$$

であるから、(8.24) 式で $n_x = 1$ とおいてこれに代入すると

$$= \frac{1}{2\pi^2}\left(\frac{2m^*}{\hbar^2}\right)^{\frac{3}{2}}\left(\frac{\hbar^2}{2m^*}\frac{\pi^2}{L_x^2}\right)^{\frac{1}{2}} = \frac{m^*}{\pi\hbar^2 L_x} \quad (8.29)$$

となり (8.27) 式と等しくなる。従って量子井戸の状態密度は図 8-10 のように求められる。すなわち、x 方向の離散エネルギー E_n の値ではバルクと同じ状

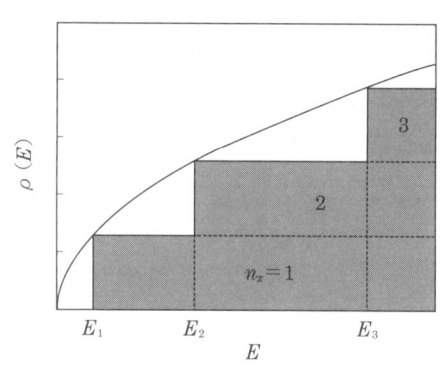

図 8-10 量子井戸の状態密度

態密度となるが、次の離散エネルギー E_{n+1} までは同じ値をとり、ステップ状に増加していく。また1ステップの高さはすべて同じである。

5. 超格子

ヘテロ接合を一定の間隔で多数繰り返して形成すると人工的な結晶格子ともいうべき、超格子（super lattice）が実現される。図8-11に示すようにナローギャップ

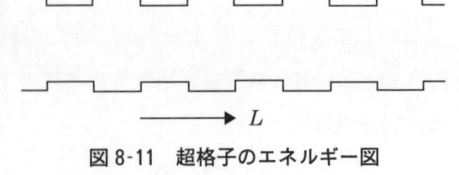

図 8-11　超格子のエネルギー図

半導体とワイドギャップ半導体が交互に繰り返す構造である。ポテンシャル差が量子井戸ほど大きくなければ電子はナローギャップ半導体に閉じ込められることなく自由に行き来できる。このとき電子は結晶格子の周期性よりずっと長周期のポテンシャルを感じることになる。バルクすなわち通常の結晶の場合、格子定数を d として $\pm \pi/d$ にブリルアンゾーンの端がくる。すなわちこの点で波数 k の折り返しが起こる。周期 L の超格子では π/L で折り返すことになり、バルクの場合より小さな k で折り返しが起こる。したがって図8-12に示すようなミニバンドが形成される。バルクでは電界をかけて電子を加速しようとしても、格子振動などによる散乱のためなかなか有効質量が負になる領域まで k

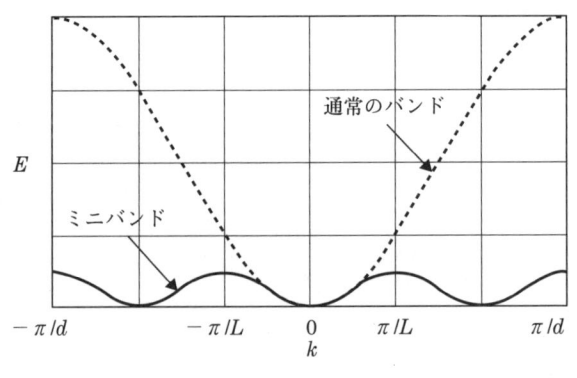

図 8-12　ミニバンド

を大きくすることができない。図から明らかなようにミニバンドでは小さな k で有効質量が負になる。有効質量が負になると電子は加速状態から減速状態に移り、電界と逆方向に電流を流すことになる。すなわち負性抵抗が現れる。この効果を用いて発振、増幅などを行う能動デバイスが超格子により実現される。

　図8-6のようにナローギャップ半導体のバンドギャップがワイドギャップ半導体のバンドギャップの中に納まるバンドの位置関係を持つヘテロ接合をタイプⅠと呼ぶ。組み合わせによっては図8-13のような位置関係になることがある。タイプⅡのヘテロ接合はどちらかのバント端がワイドギャップ半導体のバンドギャップ外に出るものである。このとき電子の閉じ込められる領域とホールの閉じ込められる領域が異なることになる。すなわち、電子とホールは空間的に分離される。両方のバンド端が外に出る場合もある。これをタイプⅢと呼ぶ。このとき価電子帯と伝導帯が重なるため金属的な伝導を示す。

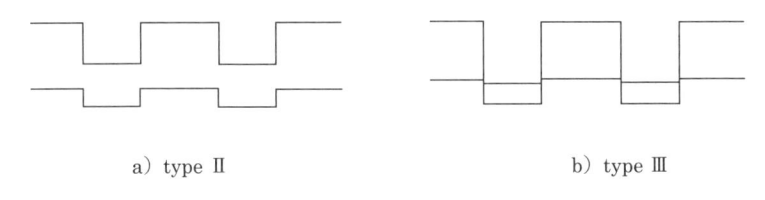

a）type Ⅱ　　　　　　b）type Ⅲ

図8-13　タイプⅡおよびタイプⅢヘテロ接合

演習問題

1. p-nヘテロ接合でバンドギャップが狭い半導体が p 型、広いほうが n 型のときのエネルギー図を書け。
2. GaAsの格子定数は5.65Åである。これに格子定数の1%違うAlGaAsを成長するとダングリングボンドの密度は（100）、（110）、（111）面上でそれぞれいくらになるか。
3. 長さ50Åの一次元量子井戸に閉じ込められた伝導電子の最小エネルギーはいくらか。ただし、有効質量を $0.1 \cdot m_0$ とする。

第9章

光と電磁波

1. 電磁波

光は電磁波（electromagnetic wave）の一種である。電磁波はマクスウェル（Maxwell）の方程式で記述される。真空中では、電界 E、磁界 H、電流 J、電荷 ρ、真空の誘電率および透磁率（permeability）を ε_0、μ_0 として、

$$\nabla \times E = \mu_0 \frac{\partial H}{\partial t} \tag{9.1}$$

$$\nabla \times H = \varepsilon_0 \frac{\partial E}{\partial t} + J \tag{9.2}$$

$$\nabla \cdot E = \frac{\rho}{\varepsilon_0} \tag{9.3}$$

$$\nabla \cdot H = 0 \tag{9.4}$$

の関係がある（記号は付録ベクトル公式参照）。これがマクスウェルの方程式であり、電磁波に限らず静電磁界にも成り立つ電磁気学の基本方程式である。

この方程式が波動の解を持っていることを調べてみよう。$J=0$、$\rho=0$ のとき H を消去して

$$\nabla \times \nabla \times E = \frac{1}{C^2} \frac{\partial^2 E}{\partial t^2} \tag{9.5}$$

となる。ここに

$$C = \frac{1}{\sqrt{\varepsilon_0 \mu_0}} \tag{9.6}$$

は後にわかるように電磁波の速度、すなわち光速度である。$\nabla \cdot E = 0$ である

から、
$$\nabla^2 \boldsymbol{E} = \frac{1}{C^2}\frac{\partial^2 \boldsymbol{E}}{\partial t^2} \tag{9.7}$$
$$\because \nabla \times \nabla \times \boldsymbol{E} = \nabla(\nabla \cdot \boldsymbol{E}) - \nabla^2 \boldsymbol{E}$$
の波動方程式が得られる。
$$\boldsymbol{E} = \boldsymbol{E}_0 \cdot \exp(i\boldsymbol{k}\boldsymbol{r} - i\omega t) \tag{9.8}$$
の形の解を仮定して（9.7）式に代入すると
$$k_x^2 + k_y^2 + k_z^2 = \frac{\omega^2}{C^2} \tag{9.9}$$
の関係が得られる。$\boldsymbol{k}$ の長さを k とすると $k=\sqrt{k_x^2+k_y^2+k_z^2}$ であるから
$$k = \frac{\omega}{C} \tag{9.10}$$
である。(9.8) 式は角周波数 ω、波数 k を持つ平面波を表している。(9.3) 式から
$$\nabla \cdot \boldsymbol{E} = i\boldsymbol{k} \cdot \boldsymbol{E}_0 \cdot \exp(i\boldsymbol{k}\boldsymbol{r} - i\omega t) = 0 \tag{9.11}$$
となり、$\boldsymbol{E}$ は $\boldsymbol{k}$ すなわち波の進行方向に垂直であることがわかる。一方磁界 $\boldsymbol{H}$ は
$$\boldsymbol{H} = \boldsymbol{H}_0 \cdot \exp(i\boldsymbol{k}\boldsymbol{r} - i\omega t) \tag{9.12}$$
と同様の変化をし、(9.1) 式から
$$\mu_0 \omega \boldsymbol{H} = \boldsymbol{k} \times \boldsymbol{E} \tag{9.13}$$
の関係を満たすことが知られる。これから $\boldsymbol{H}$ は $\boldsymbol{E}$ および $\boldsymbol{k}$ と垂直であることがわかる。また (9.1) 式などからわかるように、電界と磁界は同位相で、一方が最大振幅をとるとき、他方も最大振幅となる。このように電界と磁界が伴って波として真空中を伝播するので電磁波と呼ばれる。電磁

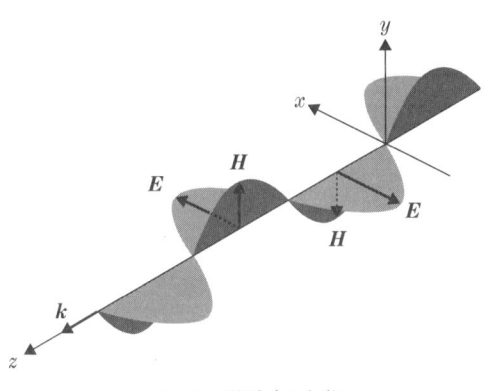

図 9-1　電磁波の伝搬

波の振動数（周波数）ν、波長λおよび速度vは

$$\nu = \omega/2\pi \tag{9.14}$$

$$\lambda = 2\pi/k \tag{9.15}$$

$$v = \omega/k = C \tag{9.16}$$

である。

　面白いことに以上の議論は任意の波長について成り立つ。通常われわれが電波と呼ぶ周波数が kHz や MHz の電磁波から、$5 \cdot 10^{14}$Hz 程度の可視光線、

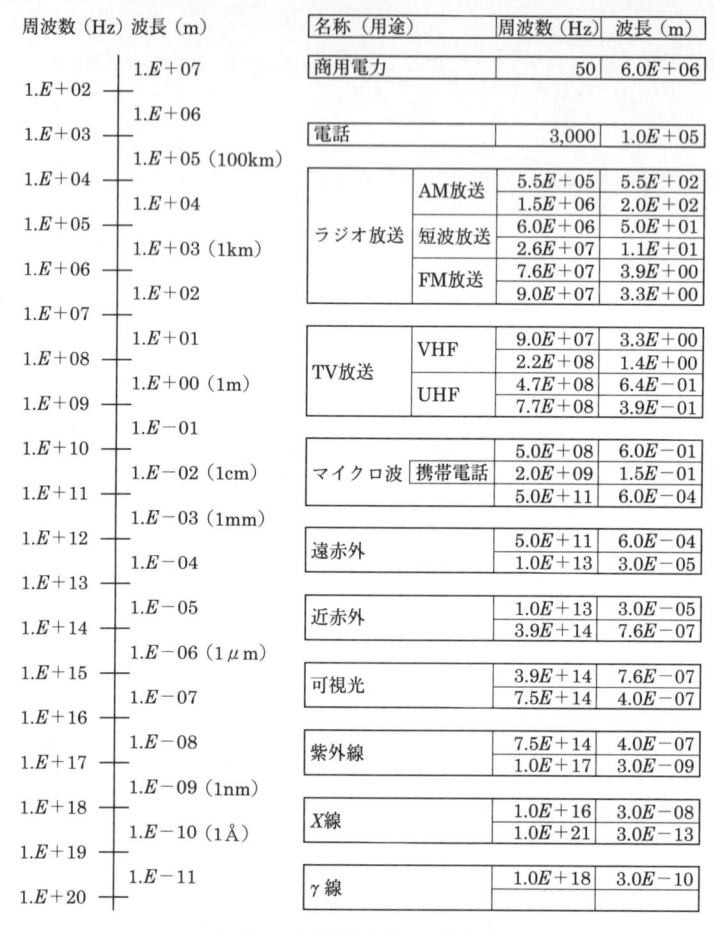

周波数(Hz)	波長(m)	名称(用途)		周波数(Hz)	波長(m)
1.E+02	1.E+07	商用電力		50	6.0E+06
1.E+03	1.E+06				
1.E+04	1.E+05 (100km)	電話		3,000	1.0E+05
1.E+05	1.E+04	ラジオ放送	AM放送	5.5E+05	5.5E+02
				1.5E+06	2.0E+02
1.E+06	1.E+03 (1km)		短波放送	6.0E+06	5.0E+01
				2.6E+07	1.1E+01
1.E+07	1.E+02		FM放送	7.6E+07	3.9E+00
				9.0E+07	3.3E+00
1.E+08	1.E+01	TV放送	VHF	9.0E+07	3.3E+00
				2.2E+08	1.4E+00
1.E+09	1.E+00 (1m)		UHF	4.7E+08	6.4E−01
				7.7E+08	3.9E−01
1.E+10	1.E−01				
		マイクロ波	携帯電話	5.0E+08	6.0E−01
1.E+11	1.E−02 (1cm)			2.0E+09	1.5E−01
				5.0E+11	6.0E−04
1.E+12	1.E−03 (1mm)	遠赤外		5.0E+11	6.0E−04
1.E+13	1.E−04			1.0E+13	3.0E−05
1.E+14	1.E−05	近赤外		1.0E+13	3.0E−05
				3.9E+14	7.6E−07
1.E+15	1.E−06 (1μm)	可視光		3.9E+14	7.6E−07
1.E+16	1.E−07			7.5E+14	4.0E−07
1.E+17	1.E−08	紫外線		7.5E+14	4.0E−07
				1.0E+17	3.0E−09
1.E+18	1.E−09 (1nm)	X線		1.0E+16	3.0E−08
1.E+19	1.E−10 (1Å)			1.0E+21	3.0E−13
1.E+20	1.E−11	γ線		1.0E+18	3.0E−10

図 9-2　電磁波の波長と周波数

さらにはγ線にいたるまで、すべて同じ方程式が成り立っている。すなわち、感覚的にはとても同種ものとは思えないが、これらは本質的に同じもので、ただ周波数（波長）のみが異なっている。しかし、物質との相互作用が周波数によって大きく変わるため、われわれの感覚では異質に見えるのである。図 9-2 に周波数と波長の関係および各種周波数帯の名称（用途）を示す。このうち光とは人間の目に見える可視光を指す名称であるが、広義には、この前後に位置し、物理的性質の似通った赤外線（infrared ray）、紫外線（ultraviolet ray）の一部をも含んで光という。

2. 光子（フォトン）

電界 E の時間的変化は、(9.8) 式を (9.5) 式に代入し、(9.9) 式を使うことによって

$$\frac{\partial^2 \boldsymbol{E}(t)}{\partial t^2} = -\omega^2 \boldsymbol{E}(t) \tag{9.17}$$

のように得られる。これは調和振動子（harmonic oscillator）の方程式で、解は

$$\boldsymbol{E}(t) = \boldsymbol{E}_0 \cdot \exp(-i\omega t) \tag{9.18}$$

である。調和振動子のエネルギーは量子論によると

$$E_n = \left(n + \frac{1}{2}\right)\hbar\omega \quad ; \quad n = 0, 1, 2, 3, \cdots\cdots \tag{9.19}$$

である（付録 3 参照）。すなわち $\hbar\omega$ を単位とする飛び飛びの値をとる。電磁波の調和振動子が n 番目の励起状態にあるとき、n 個の光子（フォトン；photon）があるという。これは光を波ではなく、粒子と見立てる立場である。これから光子 1 つの持つエネルギーは $\hbar\omega$ であることがわかる。光子が 0 でも $1/2\hbar\omega$ のエネルギーが存在する。これは 0 点エネルギーとして知られている。ω に上限はないのでこの値

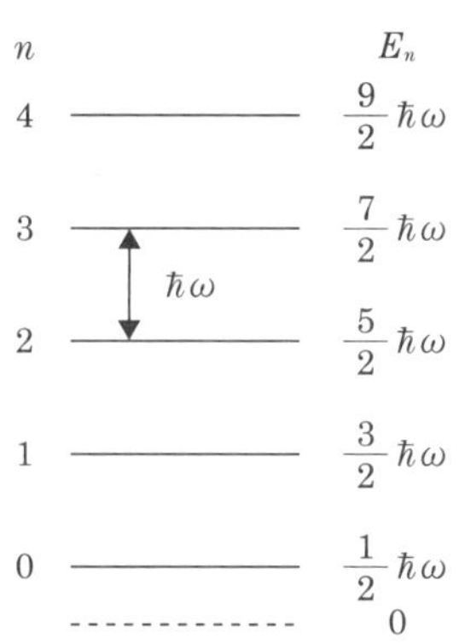

図 9-3 調和振動子のエネルギー

は無限大となる。すなわち真空は無限大の電磁波エネルギーで満たされていることになる。これは一般の感覚では受け入れがたい概念であるが、通常の実験ではエネルギーの差だけが観測されるので、0点エネルギーは無視してよい。

3. モード密度

1辺が長さがLのキャビティー（cavity；空洞共振器）に閉じ込められた電磁波の状態密度を考えよう。第1章で求

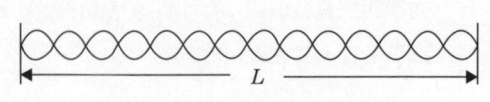

図9-4 長さLの空洞内のモード

めた電子の状態密度と同じ概念のものであるが、電磁波の場合には、より波の形に注目して、これをモード（mode；姿態）密度と呼ぶ。解を左右に伝播する平面波の和として、

$$\boldsymbol{E}=\boldsymbol{E}_1\cdot\exp(i\boldsymbol{kr}-i\omega t)+\boldsymbol{E}_2\cdot\exp(-i\boldsymbol{kr}-i\omega t) \tag{9.20}$$

と置く。(9.5)式に代入すると

$$-2(k_x^2+k_y^2+k_z^2)=-2\frac{\omega^2}{C^2} \tag{9.21}$$

となって、(9.9)式の関係が再び得られる。まず、x方向について考える。$x=0$、$x=L$でtによらず$\boldsymbol{E}=0$となるから

$$\boldsymbol{E}_1+\boldsymbol{E}_2=0 \tag{9.22}$$

$$\boldsymbol{E}_1\exp(ik_xL)+\boldsymbol{E}_2\exp(-ik_xL)=0 \tag{9.23}$$

である。したがって

$$1-\exp(-2k_xL)=0$$

$$\therefore k_x=\frac{\pi}{L}n_x \tag{9.24}$$

となり、k_xは飛び飛びの値をとる。y、z方向についても同様の関係が得られる。電子のときと同じように、kについての球の体積の1/8を計算してモード密度が求まる。すなわち、

$$\rho_k dk=2\frac{1}{8}\frac{1}{L^3}\left(\frac{L}{\pi}\right)^3(4\pi k^2)dk=\frac{k^2}{\pi^2}dk \tag{9.25}$$

ここで2倍しているのは、電界 E が直交する2つの独立したモードが許されるためである。これを偏波という。電子の場合はスピンで2倍されたが、電磁波の場合は偏波で2倍され、結果として（9.25）式は電子の式である（1.36）式上段と同じ形になっている。角周波数 ω 当たりに書きなおすと、（9.16）式を使って

$$\rho_\omega d\omega = \frac{1}{\pi^2}\frac{\omega^2}{C^2}\frac{1}{C}d\omega = \frac{\omega^2}{\pi^2 C^3}d\omega \tag{9.26}$$

また、$E=\hbar\omega$ から単位エネルギー当たりになおすと

$$\rho_E dE = \frac{(E/\hbar)^2}{\pi^2 C^3}\frac{1}{\hbar}dE = \frac{E^2}{\pi^2 \hbar^3 C^3}dE = \frac{8\pi E^2}{h^3 C^3}dE \tag{9.27}$$

が得られる。この形が電子と異なるのは、k と E の関係が異なるためである。

注）屈折率（第10章2節参照）η の媒質中では C の代わりに $C'=C/\eta$ と置けばよい。

$$k = 2\pi/\lambda = 2\pi\eta\nu/C = \eta\omega/C$$

$$dk = \eta/C \cdot d\omega$$

$$\frac{k^2}{\pi^2}dk = \frac{\eta^2}{C^2}\frac{\omega^2}{\pi^2}\frac{\eta}{C}d\omega$$

などの関係から

$$\rho_\omega d\omega = \eta^3 \omega^2/(\pi^2 C^3) \cdot d\omega$$

$$\rho_E dE = \eta^3 E^2/(\pi^2 \hbar^3 C^3) \cdot dE$$

$$= 8\pi\eta^3 E^2/(h^3 C^3) \cdot dE$$

である。

4. プランクの放射則

温度 T の空洞と熱平衡にある1つのモード（角周波数 ω）の電磁波が n 番目の励起状態にある確率はボルツマン因子（Boltzmann factor）で与えられる。すなわち

$$P_n = \frac{\exp\left(\frac{-E_n}{kT}\right)}{\sum_{n=0}^{\infty} \exp\left(\frac{-E_n}{kT}\right)}$$

$$= \frac{\exp\left(\frac{-n\hbar\omega}{kT}\right)}{\sum \exp\left(\frac{-n\hbar\omega}{kT}\right)} = \exp\left(\frac{-n\hbar\omega}{kT}\right)\left(1-\exp\left(\frac{-\hbar\omega}{kT}\right)\right) \quad (9.28)$$

$$\because \Sigma \exp(-n\hbar\omega/kT) = (1-\exp(-\hbar\omega/kT))^{-1}$$

このモードの平均光子数は

$$\bar{n} = \sum n \cdot P_n = \frac{1}{\exp\left(\frac{\hbar\omega}{kT}\right)-1} \quad (9.29)$$

$$\because \Sigma n \cdot \exp(-n\hbar\omega/kT) = -\partial/\partial(\hbar\omega/kT) \Sigma \exp(-n\hbar\omega/kT)$$
$$= \exp(-\hbar\omega/kT)(1-\exp(-\hbar\omega/kT)^{-2}$$

である。この式はボーズ-アインシュタイン分布の占有確率と同じ式である。あるモードが平均して何番目の励起状態にあるかを示しているが、これにモード密度をかけると単位体積、単位角周波数 $d\omega$ 中の光子数となる。すなわちエネルギー $\hbar\omega$ の準位を光子が占有する確率ともいえるわけである。ボーズ粒子の際立った特徴は1つの準位にいくつでも入ることができることである。このことを反映して、平均光子数は正の値で0以上無限大までもとり得る。平均エネルギーは

$$\bar{E} = \bar{n}\hbar\omega \quad (9.30)$$

エネルギー密度はこれにモード密度をかけて

$$W_T(\omega)d\omega = \bar{E}\rho_\omega d\omega = \bar{n}\hbar\omega \frac{\omega^2}{\pi^2 C^3} d\omega$$

$$= \frac{\hbar\omega^3}{\pi^2 C^3} \frac{1}{\exp\left(\frac{\hbar\omega}{kT}\right)-1} d\omega \quad (9.31)$$

単位 $[W_T(\omega)] = [\mathrm{Js/s^3/(m/s)^3}] = [\mathrm{Js/m^3}]$

これが量子力学の出発点になった、有名なプランクの放射則である。初めて量

子の概念を取り入れることによって、それまで説明できなかった黒体放射（black body radiation）のスペクトルを見事に説明した。図9-5はエネルギー密度を波長を横軸に示したもので、黒体放射のスペクトルである。温度が高くなるに従って強度が強まるとともに、そのピーク波長が短波長側に移動する。高温の物体が赤く見え、さらに温度が上がると青白く見えるのはこのためである。

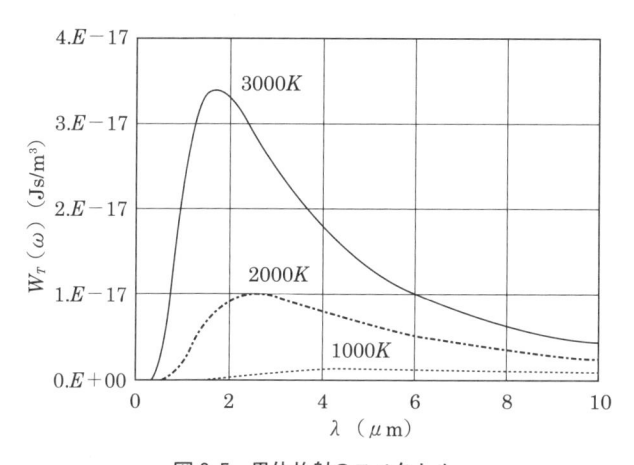

図9-5 黒体放射のスペクトル

エネルギー密度を単位エネルギー当たりになおすと、

$$W_T(E)dE = \bar{E}\rho_E dE = \bar{n}E\frac{E^2}{\pi^2\hbar^3 C^3}dE$$

$$= \frac{E^3}{\pi^2\hbar^3 C^3}\frac{1}{\exp\left(\dfrac{E}{kT}\right)-1}dE \tag{9.32}$$

単位 $[W_T(E)] = [\mathrm{J}^3/((\mathrm{Js})^3(\mathrm{m/s})^3)] = [1/\mathrm{m}^3]$

エネルギー密度 $W_T(E)$ の代わりに $E=\hbar\omega$ で割った光子密度を用いると

$$P(E)dE = \frac{W_T(E)}{E}dE = \frac{E^2}{\pi^2\hbar^3 C^3}\frac{1}{\exp\left(\dfrac{E}{kT}\right)-1}dE \tag{9.33}$$

単位 $[P(E)]=[1/(Jm^3)]$

ここで比例係数を $Z(E)$ と書くと、

$$P(E)dE = Z(E)\frac{1}{\exp\left(\dfrac{E}{kT}\right)-1}dE$$

$$= Z(E)\cdot\bar{n}\cdot dE \tag{9.34}$$

となる。$Z(E)$ は (9.27) 式のモード密度である。すなわち

$$Z(E)=\frac{E^2}{\pi^2\hbar^3 C^3}=\frac{8\pi E^2}{h^3 C^3} \tag{9.35}$$

単位 $[Z]=[1/(Jm^3)]$

である。

演習問題

1. エネルギーと運動量の関係は粒子の場合 $E=p^2/2m$ となり、運動量の2乗でエネルギーが増える。光の場合はどうなるか。
2. 太陽の表面温度 $5800K$ において、波長 $0.5\mu m$ の光の次の値を求めよ。
    a) 平均光子数 $\bar{n}$
    b) 平均エネルギー $\bar{E}$
    c) エネルギー密度 $W_T(\omega)$
    d) 光子密度 $P(E)$

第10章

光と物質の相互作用

1. 自然放出、誘導放出、吸収

最も簡単な、エネルギーE_1、E_2の2準位間の電子の遷移を考える。高いエネルギーE_2から低いエネルギーE_1にエネルギーを放出して遷移する過程と、外部からエネルギーをもらってE_1からE_2に遷移する過程が考えられる。アインシュタインはこの遷移の割合（レート）をA、B係数として定式化した。遷移には以下の3つの過程がある。これらにはE_1、E_2のエネルギー差に相当する

$$\hbar\omega = E_2 - E_1 \tag{10.1}$$

の角周波数を持つ電磁波が関与する。電磁波の単位体積・単位角周波数当たりのエネルギー密度を$W_T(\omega)$として、

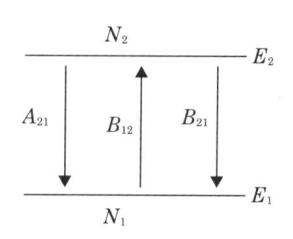

図 10-1　2準位間の遷移

① 自然放出（spontaneous emission）
　　自発的に高いエネルギーE_2から低いエネルギーE_1に落ち、光子を放出する割合：A_{21}
② 誘導放出（stimulated emission）
　　電磁波に誘導されてE_2からE_1に落ち、光子を放出する割合：$B_{21} \cdot W_T(\omega)$
③ （誘導）吸収（absorption）
　　電磁波を吸収してE_1からE_2に上がる割合：$B_{12} \cdot W_T(\omega)$

それぞれの準位の電子密度を N_1、N_2 として、これらの時間変化は

$$\frac{dN_1}{dt}=-\frac{dN_2}{dt}=N_2A_{21}-N_1B_{12}W_T(\omega)+N_2B_{21}W_T(\omega) \tag{10.2}$$

ボルツマン分布を仮定すると[注]、

$$\frac{N_2}{N_1}=\exp\left(-\frac{\hbar\omega}{kT}\right) \tag{10.3}$$

熱平衡のとき、電子密度の変化は0であるから、

$$N_1\{\exp(-\hbar\omega/kT)(A_{21}+B_{21}W_T(\omega))-B_{12}W_T(\omega)\}=0 \tag{10.4}$$

したがって

$$W_T(\omega)=\frac{A_{21}}{\exp\left(\dfrac{\hbar\omega}{kT}\right)\cdot B_{12}-B_{21}} \tag{10.5}$$

の関係が得られる。

熱平衡の電磁波のエネルギー密度は (9.31) 式で与えられている。これらが等しいためには

$$B_{12}=B_{21} \tag{10.6}$$

$$A_{21}=\frac{\hbar\omega^3}{\pi^2C^3}B_{21} \tag{10.7}$$

単位 $[A]=[1/\mathrm{s}]=[\mathrm{Js/s^3/(m/s)^3}][B]$

∴ $[B]=[\mathrm{m^3J^{-1}s^{-2}}]$

すなわち、A_{21} はレート、B_{21} はレート/単位角周波数当たりのエネルギー密度である。

である必要がある。

エネルギー密度を (9.32) のように dE で定義すると、新たな B_{21}' は B_{21} の $\hbar$ 倍となり

$$A_{21}=\frac{\hbar\omega^3}{\pi^2C^3}\frac{B_{21}'}{\hbar}=\frac{E_{21}^3}{\pi^2\hbar^3C^3}B_{21}' \tag{10.8}$$

単位 $[B']=[\mathrm{m^3/s}]$

さらに、エネルギー密度の代わりに光子密度を用いた場合は

$$A_{21}=\frac{E_{21}^2}{\pi^2\hbar^3C^3}B_{21}''=Z(E)B_{21}'' \tag{10.9}$$

単位 $[B''] = [Jm^3/s]$

となる。

注) フェルミ分布を厳密に考えても同じ式が成り立つ。

N を原子の密度とすると、

$$N_2 = N \cdot f_2$$
$$N_1 = N \cdot f_1$$

準位1の空き（ホール）密度は

$$N - N_1 = N(1 - f_1)$$

遷移確率は電子が E_2 にいる確率と E_1 にいない確率に比例するから、

$$A_{21} \cdot f_2 (1 - f_1) \cdot N$$

などとなる。（遷移が電子密度とホール密度の積に比例するとするのは間違い。したがって N^2 でなく N^1 に比例する。）したがって、電子密度の変化は

$$\frac{dN_1}{dt} = N f_2 (1 - f_1) A_{21} - N f_1 (1 - f_2) B_{12}'' P(E) + N f_2 (1 - f_1) B_{21}'' P(E)$$

熱平衡のとき、電子密度の変化は 0 であるから、

$$P(E) = \frac{A_{21}}{\dfrac{f_1(1 - f_2)}{f_2(1 - f_1)} \cdot B_{12}'' - B_{21}''} = \frac{A_{21}}{\exp\left(\dfrac{E_{21}}{kT}\right) \cdot B_{12}'' - B_{21}''}$$

$\because f_1 = 1 / (1 + \exp((E_1 - E_f)/kT))$
$f_2 = 1 / (1 + \exp((E_2 - E_f)/kT))$
$1 - f_1 = \exp((E_1 - E_f)/kT) / (1 + \exp((E_1 - E_f)/kT))$
$(f_1(1 - f_2)/f_2(1 - f_1) = \exp(E_2 - E_f)/kT) / \exp(E_1 - E_f)/kT)$
$\qquad = \exp((E_2 - E_1)/kT)$

となり、同じ式が得られる。

2. 電気感受率と屈折率、吸収係数

誘導放出、吸収はマクスウェルの方程式に現れるマクロ的パラメータを使っても取り扱うことができる。電子が高いエネルギーの準位に遷移すると原子核

との相対的な位置のずれが起こり、分極（polarization）が発生する。

媒質が束縛電荷のみ持つとき、分極 P は加えた電界に比例し、

$$P = \varepsilon_0 \chi E \tag{10.10}$$

単位 $[P] = [CV^{-1}m^{-1}Vm^{-1}] = [C/m^2]$、$\chi$ は無名数。

χ を電気感受率（electric susceptibility）という。χ は一般に複素数であり、

$$\chi = \chi' + i\chi'' \tag{10.11}$$

と書くことにする。電荷 ρ、電流 J は

$$\rho = -\nabla \cdot P \tag{10.12}$$

$$J = \frac{\partial P}{\partial t} \tag{10.13}$$

で与えられる。したがってマクスウェルの方程式 (9.2)、(9.3) は

$$\nabla \times H = \frac{\partial}{\partial t}(\varepsilon_0 E + P) = \frac{\partial}{\partial t}(\varepsilon_0(1+\chi))E$$

$$\nabla \cdot (\varepsilon_0(1+\chi)E) = 0 \tag{10.14}$$

となる。これから (9.9) 式と同様に、ただし k は複素数として

$$k^2 = \omega^2 \varepsilon_0 (1+\chi) \mu_0$$

$$\therefore 1 + \chi = \frac{k^2 C^2}{\omega^2} \tag{10.15}$$

が得られる。この平方根をとって

$$\sqrt{1+\chi} = \frac{kC}{\omega} = \eta + i\kappa \tag{10.16}$$

と書くとき、η を屈折率（refractive index）、κ を消衰係数（extinction coefficient）という。電気感受率の実部、虚部との関係は

$$\eta^2 - \kappa^2 = 1 + \chi' \tag{10.17}$$

$$2\eta\kappa = \chi'' \tag{10.18}$$

である。x 方向に向かう電界 E の空間および時間変化は

$$E = E_0 \cdot \exp(ikx - i\omega t)$$

$$= E_0 \cdot \exp\left(i\frac{\omega}{C}(\eta + i\kappa)x - i\omega t\right)$$

$$= E_0 \cdot \exp\left(i\omega\left(\frac{\eta}{C}x - t\right) - \frac{\omega\kappa}{C}x\right) \tag{10.19}$$

となる。電磁波の強度 I は $\boldsymbol{E}^2$ に比例するから、空間変化は

$$I(x) = I_0 \cdot \exp(-\alpha x) \tag{10.20}$$

ここに

$$\alpha = \frac{2\omega\kappa}{C} \tag{10.21}$$

単位 $[\alpha] = [\text{s}^{-1}/(\text{m/s})] = [\text{m}^{-1}]$

を吸収係数 (absorption coefficient) という。

2つのエネルギー準位間で電子遷移が起こり電磁波を吸収する場合、$E = \hbar\omega_0$ に吸収線が現れる。線スペクトルである。実際には自然放出のためわずかに線幅が広がり、τ_r を発光再結合 (radiative recombination) 寿命として、

$$A_{21} = 1/\tau_r = 2\gamma \tag{10.22}$$

で与えられる線幅パラメータ γ で次のローレンツ (Lorentz) 型の広がりを持つ感受率の実部が量子力学的に導かれる。すなわち

$$\chi'' = \frac{Ne^2|\boldsymbol{r}|^2}{3\varepsilon_0 \hbar V} \frac{\gamma}{(\omega_0 - \omega)^2 + \gamma^2} \tag{10.23}$$

ここに、N は原子数、V は体積、$|\boldsymbol{r}|^2$ は後述するマトリックスエレメントに相当する量である。図10-2にこのようにして計算された χ'、χ''、および η、κ の角周波数依存性を示す。形を見やすくするため、$\gamma = \omega_0/40$、すなわち $\tau_R \sim 1 \cdot 10^{-14}\text{s}$ としている。実際には τ_R は $1 \cdot 10^{-9}\text{s}$ 程度でこの幅はきわめて狭い。ここで特徴的なことは、吸収が ω_0 に対してほぼ対称的であるのに対して、屈折率は ω_0 から遠く離れたところでも影響を受けることである。すなわち低エネルギー側に向かって吸収線を跨ぐごとに屈折率は増加していく。

χ' と χ'' は実は独立ではなく、因果律（応答は刺激より先には起こらない）によって次の関係を満たすことが導かれる。これが有名なクラーマース‐クローニッヒ (Kramers-Kronig) の関係である。

$$\chi''(\omega) = -\frac{2\omega}{\pi}\int_0^\infty \frac{\chi'(\omega')}{\omega'^2 - \omega^2} d\omega' \tag{10.24}$$

$$\chi'(\omega) = \frac{2}{\pi}\int_0^\infty \frac{\omega'\chi''(\omega')}{\omega'^2 - \omega^2} d\omega' \tag{10.25}$$

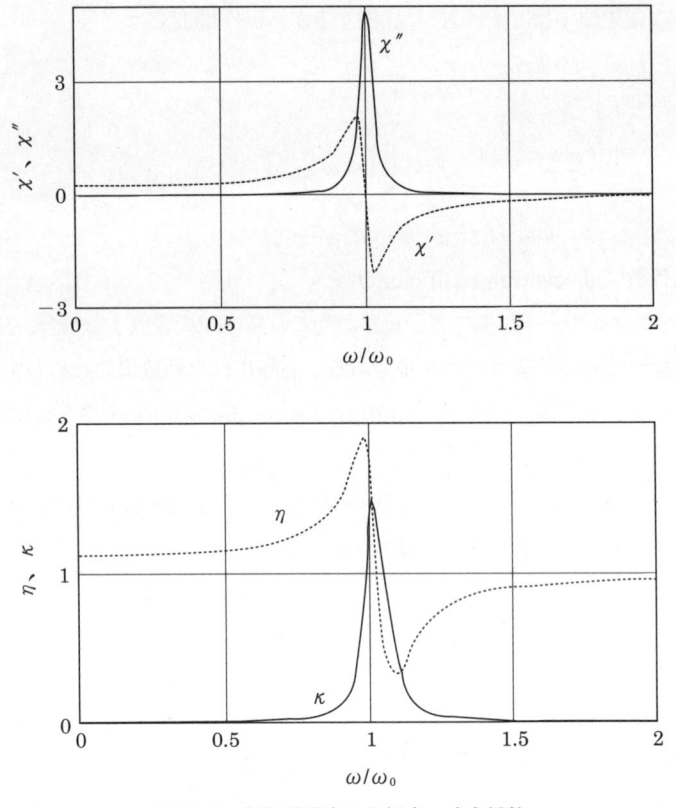

図 10-2 電気感受率と屈折率、消衰係数

これを屈折率 η と消衰係数 κ の関係になおすと、

$$\kappa(\omega) = -\frac{2\omega}{\pi}\int_0^\infty \frac{\eta(\omega')}{\omega'^2 - \omega^2}d\omega' \tag{10.26}$$

$$\eta(\omega) - 1 = \frac{2}{\pi}\int_0^\infty \frac{\omega'\kappa(\omega')}{\omega'^2 - \omega^2}d\omega' \tag{10.27}$$

となる。ただし、これらの積分はすべて $\omega' \to \omega$ の極限をとるものとする。

3. 半導体中の吸収、放出

半導体中の吸収、放出も基本的には2準位の場合と同様であるが、エネルギー準位が1本ではなくバンドを形成しているため、一般的には多くのエネルギー準位が遷移に関与し、これらの遷移を加え合わせる必要がある。後にわかるように、遷移は波数ベクトル **k** を同じくする電子とホールの間で起こるが、電子とホールの有効質量が異なるために、図10-3に示すように電子のエネルギー区間 dE' は対応するホールのエネルギー区間 dE'' とは異なってしまう。そこで、伝導帯中の準位のエネルギー E' を基準にして区間 dE' 間にある準位から、またはこの準位への遷移に寄与する電子－ホール対を考えることにする。スターン(Stern)はパラボリックバンドを仮定して還元状態密度（reduced density of states）を求めた（付録6参照）。なお、ここで E に′をつけたのは光のエネルギー E と区別するためである。

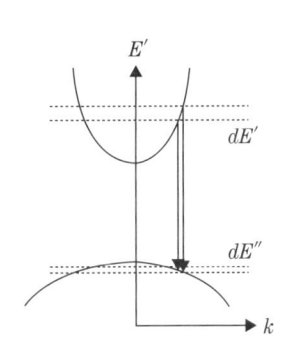

図10-3 半導体中の電子遷移

単位体積・単位エネルギー当たりの電子－ホール対の数（状態密度）を $\rho(E')$ とすると自然放出の量 r_{sp} はその準位が埋まっている割合と遷移先の順位が空いている割合の積に比例するから

$$r_{sp}dE' = A_{21} \cdot \rho(E') \cdot f_u(1-f_l)dE' \tag{10.28}$$

$$単位\ [\rho] = [1/(Jm^3)]$$
$$[r_{sp}] = [1/(Jm^3 s)]$$

ここに u、l はそれぞれ上のバンド（伝導帯）および下のバンド（価電子帯）を表す。誘導放出 r_{st} は光子密度に比例するから

$$r_{st}dE' = B_{21}'' \cdot P(E) \cdot \rho(E') \cdot f_u(1-f_l)dE' \tag{10.29}$$

誘導吸収は

$$r_{ab}dE' = B_{12}'' \cdot P(E) \cdot \rho(E') \cdot f_l(1-f_u)dE' \tag{10.30}$$

ここに f_l、f_u は

$$f_l = \frac{1}{1+\exp((E_l-E_{fl})/kT)} \tag{10.31}$$

$$f_u = \frac{1}{1+\exp((E_u-E_{fu})/kT)} \tag{10.32}$$

で与えられる。E_{fu}、E_{fl} はフェルミレベルで一般には注入などにより異なる。熱平衡ではもちろん $E_{fu}=E_{fl}$ である。このとき

$$r_{sp}+r_{st}-r_{ab}=0 \tag{10.33}$$

であるから、本章1節注記と同様に

$$P(E) = \frac{A_{21}}{\dfrac{f_l(1-f_u)}{f_u(1-f_l)} \cdot B_{12}'' - B_{21}''} = \frac{A_{21}}{\exp\left(\dfrac{E_u-E_l}{kT}\right) \cdot B_{12}'' - B_{21}''} \tag{10.34}$$

が求まる。したがって

$$B_{12}'' = B_{21}'' \tag{10.35}$$

$$A_{21} = \frac{E_{21}^2}{\pi^2 \hbar^3 C^3} \cdot B_{21}'' \tag{10.36}$$

となる。(9.35) 式で定義した比例係数 $Z(E)$ を用いると

$$A_{21} = Z(E) \cdot B_{21}'' \tag{10.37}$$

である。

さて、非平衡状態で光子密度 $P(E)$ の系を考える。エネルギー $E=E_u-E_l$ となるすべての遷移を加え合わせ、また、正味の吸収は誘導吸収 r_{ab}―誘導放出 r_{st} であることを考慮して

$$\begin{aligned}\gamma_{abs}(E) &= \int_{E_c}^{\infty} (B_{12}'' f_l(1-f_u) - B_{21}'' f_u(1-f_l)) \cdot P(E) \cdot \rho(E') \cdot \delta(E_u-E_l-E) dE' \\ &= \int_{E_c}^{\infty} B_{21}''(f_l-f_u) \cdot P(E) \cdot \rho(E') \cdot \delta(E_u-E_l-E) dE' \end{aligned} \tag{10.38}$$

$$\text{単位 } [\gamma_{abs}] = [\text{Jm}^3/\text{s} \cdot (1/\text{Jm}^3) \cdot (1/\text{Jm}^3)] = [1/(\text{Jm}^3\text{s})]$$

ここに、$\delta(E_u-E_l-E)$ はデルタ関数で、遷移を起こす準位間のエネルギーが光のエネルギーに等しいところのみ積分することを意味する。理論的には (10.23) 式で与えられるローレンツ関数であるが、前述のように線幅が非常に狭いのでデルタ関数が十分な近似を与える。

吸収は (10.20) 式で与えられる。光強度 I は光子フラックス (photon flux) $F(E)$ に比例するから

$$F(E) = F_0(E) \cdot \exp(-\alpha x) \tag{10.39}$$

吸収量は単位長さ当たりのフラックスの減少であるから

$$\gamma_{abs}(E) = -dF(E)/dx = \alpha(E) \cdot F(E) \tag{10.40}$$

また、光子フラックスは光子密度・群速度 (v_g) であるから

$$F(E) = P(E) \cdot v_g \sim P(E) \cdot C/\eta \tag{10.41}$$

$$\because k = (2\pi/C) \cdot \eta \cdot \nu \text{ から}$$
$$dk = (2\pi/C) \cdot \eta(1 + \nu/\eta \cdot d\eta/d\nu) \cdot d\nu \text{ また } E = h\nu \text{ から}$$
$$dE/dk = dE/d\nu \cdot d\nu/dk = h \cdot d\nu/dk$$
$$\therefore v_g = d\omega/dk = 1/\hbar \cdot dE/dk = C/\eta/(1 + E/\eta \cdot d\eta/dE) \sim C/\eta$$
$$\text{単位 } [F] = [1/(\text{Jm}^3) \cdot \text{m/s}] = [1/(\text{Jm}^2\text{s})]$$

これから

$$\begin{aligned}\alpha(E) &= \gamma_{abs}(E)/F(E) \\ &= \gamma_{abs}(E)/(P(E) \cdot C/\eta)\end{aligned} \tag{10.42}$$

となる。したがって (10.38) 式より

$$\alpha(E) = \frac{\eta}{C} \int_{Ec}^{\infty} B_{21}''(f_l - f_u) \cdot \rho(E') \cdot \delta(E_u - E_l - E) dE' \tag{10.43}$$

$$\text{単位 } [\alpha] = [1/(\text{m/s}) \cdot \text{Jm}^3/\text{s} \cdot (1/\text{Jm}^3)] = [1/\text{m}]$$

が求まる。

正味の誘導放出は正味の誘導吸収の符号を反転させたものであり、

$$-\gamma_{abs}(E) = \int_{Ec}^{\infty} B_{21}''(f_u - f_l) \cdot P(E) \cdot \rho(E') \cdot \delta(E_u - E_l - E) dE' \tag{10.44}$$

これを平均光子数 $\bar{n}$ で割ったものを誘導放出 $\gamma_{stim}(E)$ と定義することがある。(9.34) 式

$$P(E) = Z(E) \cdot \bar{n} \tag{10.45}$$

は熱平衡でなくとも成り立つから、

$$\gamma_{stim}(E) = \int_{Ec}^{\infty} B_{21}''(f_u - f_l) \frac{P(E)}{\bar{n}} \rho(E') \cdot \delta(E_u - E_l - E) dE'$$

$$= \int_{Ec}^{\infty} Z(E) B_{21}''(f_u - f_l) \rho(E') \cdot \delta(E_u - E_l - E) dE' \tag{10.46}$$

である。(10.43) 式より

$$\gamma_{stim}(E) = -\frac{C}{\eta} Z(E) \alpha(E) = -\frac{8\pi\eta^2 E^2}{h^3 C^2} \alpha(E) \tag{10.47}$$

単位体積・単位エネルギー当たりの自然放出 $\gamma_{spon}(E)$ は (10.28) 式を使って

$$\gamma_{spon}(E) = \int_{Ec}^{\infty} A_{21} f_u (1 - f_l) \rho(E') \cdot \delta(E_u - E_l - E) dE'$$

$$= Z(E) \int_{Ec}^{\infty} B_{21}'' f_u (1 - f_l) \rho(E') \cdot \delta(E_u - E_l - E) dE' \tag{10.48}$$

$$\because A_{21} = Z(E) \cdot B_{12}''$$

単位 $[\gamma_{spon}] = [1/\text{s}/(\text{Jm}^3)] = [1/(\text{Jm}^3\text{s})]$

$E_u - E_l = E$ の成り立つ狭いエネルギー範囲では f_u、f_l は変わらないとして積分の外に出せば、

$$\gamma_{spon}(E) = \frac{C}{\eta} Z(E) \cdot \alpha(E) \frac{f_u(1-f_l)}{f_l - f_u} \tag{10.49}$$

$$= \frac{8\pi\eta^2 E^2}{h^3 C^2} \frac{\alpha(E)}{\exp\left(\frac{E - (E_{fu} - E_{fl})}{kT}\right) - 1} \tag{10.50}$$

となる。

　これらの値が実際どの程度の大きさになるか付録6のGaAsの還元状態密度を用いて計算してみよう。p 型GaAs ($E_g=1.43\text{eV}$、$E_{fl}=0.05\text{eV}$) に $E_{fu}=1.5\text{eV}$ になるよう電子を注入したときの γ_{spon}、γ_{abs}、γ_{stim}、α の各エネルギー依存性を図10-4 a) から d) に示す。このとき電子密度は約 $2\cdot10^{18}/\text{cm}^3$、また自然放出される光子の総量 R_{sp} は $3.6\cdot10^{26}/\text{cm}^3 s$ と計算される。γ_{spon} は電子分布を反映した形となり、熱平衡時の形と比較するとピークは若干高エネルギー側にシフトし、幅も広くなっていることがわかる。γ_{abs} は平均光子数 $\bar{n}$ が熱平衡のときを示している。バンドギャップよりわずかに高いエネルギーで負となっており、増幅が起こっていることを示している。γ_{stim} はこれを $\bar{n}$ で割って符号を反転させたもので、このスケールでは見にくいが、バンドギャップ直上に正の領

域がある。吸収係数 α は熱平衡時に比べて電子の注入されるエネルギー範囲全般にわたって減少するが、やはり同じエネルギー範囲で負となるまで減少しここで増幅が起こっていることを示している。

図 10-4　a) γ_{spon}、b) γ_{abs}、c) γ_{stim}、d) α のエネルギー依存性

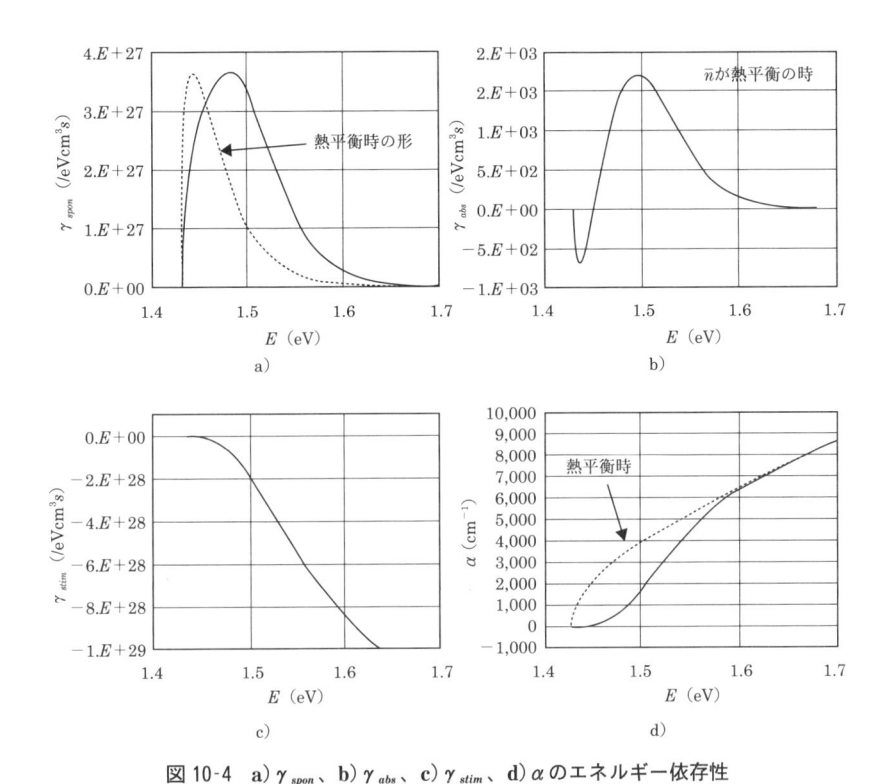

図10-5および10-6は伝導電子のフェルミレベルを上げ（すなわち注入レベルを上げ）ていったときの γ_{spon} と α の変化を今度は波長を横軸に示したものである。γ_{spon} のピーク、α の負のピーク、いずれもピークの高さを増しながら、短波長側にシフトしていく様子が窺える。

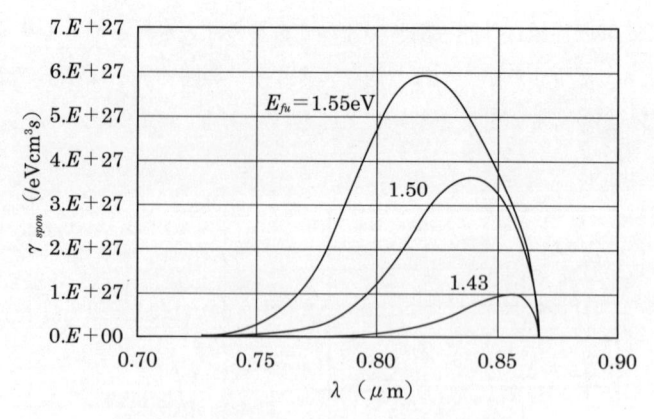

図 10-5　E_{fu}を変えたときの自然放出の変化

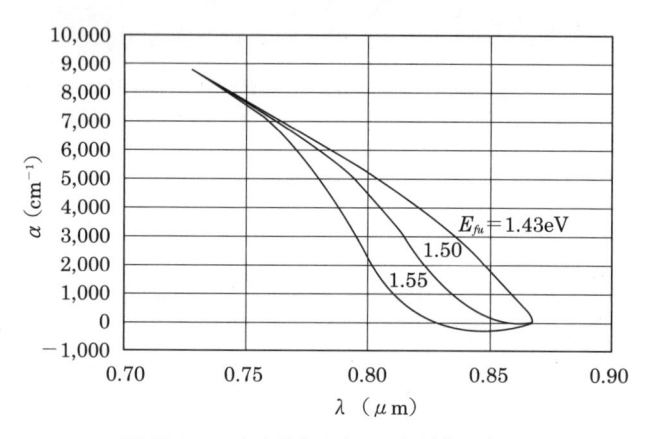

図 10-6　E_{fu}を変えたときの吸収係数の変化

4.　マトリックスエレメント

アインシュタインのA、B係数は量子力学によって以下のように導かれる。電磁界をベクトルポテンシャルAを用いて表すと

$$E = -\partial A/\partial t \tag{10.51}$$

$$\mu_0 H = \nabla \times A \tag{10.52}$$

$$\nabla \cdot A = 0 \tag{10.53}$$

である。

電磁界と相互作用する電子のハミルトニアン（Hamiltonian；エネルギーを表す演算子、付録1参照）は、このベクトルポテンシャルを用いて

$$\bar{H}=\frac{1}{2m^*}(\bar{p}-eA)^2+U(r) \tag{10.54}$$

と書けることが知られている。ここに ¯ の記号は演算子（オペレータ；operator）を示す。(10.53)式から

$$\bar{p}\cdot A=-i\hbar\nabla\cdot A=0 \tag{10.55}$$

したがって

$$\bar{p}\cdot A\,|\phi>=A\cdot\bar{p}\,|\phi> \tag{10.56}$$

である。なお、ここにでディラックによる表記法を用いた（付録2参照）。これから

$$\bar{H}=\frac{1}{2m^*}(\bar{p}^2-2eA\cdot\bar{p}+e^2A^2)+U(r) \tag{10.57}$$

となる。高次の項 e^2A^2 を無視し、相互作用のないときのハミルトニアンと比較すると、相互作用ハミルトニアン（interaction Hamiltonian）は

$$\bar{H}_1=-\frac{e}{m^*}A\cdot\bar{p} \tag{10.58}$$

となる。

光子1つのベクトルポテンシャルを

$$A=A_0\cdot\exp(ikr-i\omega t)+\text{c.c.} \tag{10.59}$$

の平面波で表す。ここに c.c. は複素共役（complex conjugate；式中のすべての i を $-i$ で置き換えたもの）を示す。電界、磁界はそれぞれ

$$E=i\omega A_0\cdot\exp(ikr-i\omega t)+\text{c.c.} \tag{10.60}$$

$$\mu_0 H=ik\times A_0\cdot\exp(ikr-i\omega t)+\text{c.c.} \tag{10.61}$$

となる。E、H、k は互いに直交している。これから

$$|E|=\omega|A| \tag{10.62}$$

$$|H|=\frac{k}{\mu_0\omega}|E| \tag{10.63}$$

の関係があることがわかる。ポインティングベクトル（poynting vector；エネ

ルギーの流れベクトル) S は

$$S = E \times H \tag{10.64}$$

$$\text{単位}\ [S]=[\text{V/m}\cdot\text{A/m}]=[\text{W/m}^2]$$

で定義され、エネルギーの流れの平均値 S_{av} は

$$S_{av} = \overline{Re(E) \times Re(H)} = \frac{1}{2} Re(E \times H^*) \tag{10.65}$$

で与えられる。ここに Re は実部、* は複素共役を表す。(10.65) 式の右の等式をサイクル平均定理という。この関係は $\exp(-i\omega t)$ の形で変化する2つの複素量の積について一般に成り立つ。積のうち $\exp(-i\omega t)$ の項だけ取り出し、位相差を δ とすると左辺は、

$$\frac{1}{T}\int_0^T \cos(-\omega t)\cdot\cos(-\omega t-\delta)dt$$

$$=\frac{1}{2T}\int_0^T(\cos(\delta)+\cos(-2\omega t-\delta))dt=\frac{1}{2}\cos(\delta)=\text{右辺} \tag{10.66}$$

となるからである。したがって、

$$|S_{av}| = \frac{k}{2\mu_0\omega}|E|^2 = \frac{1}{2}\varepsilon_0 C\eta\omega^2|A|^2 \tag{10.67}$$

$$\because k = \eta\omega/C$$

となる。一方、1つの光子のエネルギーの流れは

$$S_{av} = \hbar\omega v_g = \hbar\omega C/\eta \tag{10.68}$$

と書けるから

$$|A|^2 = \frac{2\hbar}{\varepsilon_0\eta^2\omega}$$

$$\therefore |A_0|^2 = \frac{1}{4}|A|^2 = \frac{\hbar}{2\varepsilon_0\eta^2\omega} \tag{10.69}$$

となる。

相互作用ハミルトニアンが

$$\bar{H}_1(r, t) = \bar{H}'(r)\cdot\exp(-i\omega t) \tag{10.70}$$

の形で表されるとき遷移確率は

$$\frac{2\pi}{\hbar}|<\phi_1|\overline{H'}|\phi_2>|^2 \tag{10.71}$$

で与えられる（付録1参照）。これをフェルミの黄金則（Fermi's golden rule）という。光子密度に対応した B 係数、すなわち B'' は $\overline{H'}$ を光子1つ相互作用ハミルトニアンとすれば、この遷移確率となるから、

$$B_{21}''=B_{12}''=\frac{2\pi}{\hbar}|<\phi_2|\overline{H'}|\phi_1>|^2 \tag{10.72}$$

である。相互作用ハミルトニアンを書き下すと

$$=\frac{2\pi e^2}{\hbar m^{*2}}|<\phi_2|\boldsymbol{A}_0\exp(i\boldsymbol{kr})\cdot\overline{\boldsymbol{p}}|\phi_1>|^2$$

$$=\frac{2\pi e^2|\boldsymbol{A}_0|^2}{\hbar m^{*2}}|<\phi_2|\exp(i\boldsymbol{kr})\cdot\overline{\boldsymbol{p}}|\phi_1>|^2 \tag{10.73}$$

ここで $\exp(i\boldsymbol{kr})$ の項は1となる。これは ϕ が値を持つ r は波長に比べ十分小さい、すなわち $\boldsymbol{kr}\ll 1$ より $\exp(i\boldsymbol{kr})=1$ であるからである。したがって、

$$B_{21}''=\frac{\pi e^2\hbar}{\varepsilon_0\eta^2 m^{*2}E}|<\phi_1|\overline{\boldsymbol{p}}|\phi_2>|^2$$

$$=\frac{\pi e^2\hbar}{\varepsilon_0\eta^2 m^{*2}E}|\boldsymbol{M}|^2 \tag{10.74}$$

単位 $[B_{21}'']=[\text{Jm}^3/\text{s}]=[\text{C}^2\text{Js}/((\text{C/Vm})\text{kg}^2\text{J})]\cdot[\boldsymbol{M}]^2=[\text{CsVm}/\text{kg}^2\cdot[\boldsymbol{M}]^2$

∴ $[\boldsymbol{M}]^2=[\text{Jm}^3\text{kg}^2/(\text{CsVm})]=[\text{kg}^2\text{m}^2/\text{s}^2]$

ここに

$$\boldsymbol{M}=<\phi_1|\overline{\boldsymbol{p}}|\phi_2> \tag{10.75}$$

をマトリックスエレメント（matrix element）と呼ぶ。A 係数は

$$A_{21}=\frac{8\pi\eta^3 E^2}{h^3 C^3}B_{21}''=\frac{4\pi e^2\eta E}{\varepsilon_0 m^{*2}h^2 C^3}|\boldsymbol{M}|^2 \tag{10.76}$$

となる。

相互作用ハミルトニアンをダイポールモーメント（dipole moment）$-e\boldsymbol{r}$ を用いて

$$\overline{H}_1=e\overline{\boldsymbol{r}}\cdot\boldsymbol{E} \tag{10.77}$$

と書くこともある。ベクトル場すべてが $\exp(-i\omega t)$ で変化するとすると

$$\boldsymbol{E}=-\partial \boldsymbol{A}/\partial t=i\omega \boldsymbol{A} \tag{10.78}$$

$$\bar{\boldsymbol{p}}=m^*\partial \bar{\boldsymbol{r}}/\partial t=-i\omega m^*\bar{\boldsymbol{r}} \tag{10.79}$$

であるから

$$\bar{H}_1=-\frac{e}{m^*}\bar{\boldsymbol{p}}\cdot\boldsymbol{A}=e\bar{\boldsymbol{r}}\cdot\boldsymbol{E} \tag{10.80}$$

である。

$$\langle\phi_1|\bar{\boldsymbol{p}}|\phi_2\rangle=-i\omega m^*\langle\phi_1|\bar{\boldsymbol{r}}|\phi_2\rangle$$

$$\therefore |\boldsymbol{M}|^2=\omega^2 m^{*2}|\boldsymbol{r}|^2 \tag{10.81}$$

したがって

$$B_{21}''=\frac{\pi e^2\omega}{\varepsilon_0\eta^2}|\boldsymbol{r}|^2 \tag{10.82}$$

$$A_{21}=\frac{2\eta e^2\omega^3}{\varepsilon_0 hC^3}|\boldsymbol{r}|^2 \tag{10.83}$$

が求まる。$|\boldsymbol{r}|^2$ は周波数依存性を持たないから、A_{21} は ω^3 に比例する。一方 B_{21}'' は ω に比例する。

B 係数を光子密度でなくエネルギー密度で定義した B_{21}' とすると、$\hbar\omega$ で割ることになり B_{21}' は角周波数によらなくなる。すなわち、

$$B_{21}'=\frac{\pi e^2\omega}{\varepsilon_0\eta^2}|\boldsymbol{r}|^2/\hbar\omega=\frac{\pi e^2}{\varepsilon_0\eta^2\hbar}|\boldsymbol{r}|^2 \tag{10.84}$$

となる。もちろん、A_{21} は変わらない。

角周波数 ω 当たりのエネルギー密度で定義した B_{21} はさらに $\hbar$ で割って

$$B_{21}=\frac{\pi e^2}{\varepsilon_0\eta^2\hbar^2}|\boldsymbol{r}|^2 \tag{10.85}$$

となる。

5. k 選択則と直接・間接遷移型半導体

半導体中では波動関数はブロッホ関数となるから、価電子帯および伝導帯の電子の波動関数はそれぞれ

$$\phi_1 = \exp(i\boldsymbol{k}_1\boldsymbol{r}) \cdot u_1(\boldsymbol{k}_1, \boldsymbol{r}) \tag{10.86}$$

$$\phi_2 = \exp(i\boldsymbol{k}_2\boldsymbol{r}) \cdot u_2(\boldsymbol{k}_2, \boldsymbol{r}) \tag{10.87}$$

と書ける。(10.73) 式の $\exp(i\boldsymbol{k}\boldsymbol{r})$ を復活させて

$$\begin{aligned}
B_{21}'' &= \frac{\pi e^2 \hbar}{\varepsilon_0 \eta^2 m^{*2} E} |\langle \exp(i\boldsymbol{k}_1\boldsymbol{r})u_1(\boldsymbol{k}_1, \boldsymbol{r}) | \exp(i\boldsymbol{k}\boldsymbol{r}) \cdot \bar{\boldsymbol{p}} | \exp(i\boldsymbol{k}_2\boldsymbol{r})u_2(\boldsymbol{k}_2, \boldsymbol{r}) \rangle|^2 \\
&= \frac{\pi e^2 \hbar}{\varepsilon_0 \eta^2 m^{*2} E} \int u_1^*(\boldsymbol{k}_1, \boldsymbol{r}) \exp(-i\boldsymbol{k}_1\boldsymbol{r}) \cdot \exp(i\boldsymbol{k}\boldsymbol{r}) \cdot \bar{\boldsymbol{p}} \cdot \exp(i\boldsymbol{k}_2\boldsymbol{r}) u_2(\boldsymbol{k}_2, \boldsymbol{r}) d\boldsymbol{r} \\
&= \frac{\pi e^2 \hbar}{\varepsilon_0 \eta^2 m^{*2} E} \int u_1^* \bar{\boldsymbol{p}} u_2 \cdot \exp(i(\boldsymbol{k}_2 - \boldsymbol{k}_1 + \boldsymbol{k})\boldsymbol{r}) d\boldsymbol{r} \tag{10.88}
\end{aligned}$$

$$\because \int u_1^* \exp(-i\boldsymbol{k}_1\boldsymbol{r}) \exp(i\boldsymbol{k}\boldsymbol{r}) \cdot \bar{\boldsymbol{p}} \cdot \exp(i\boldsymbol{k}_2\boldsymbol{r}) u_2 d\boldsymbol{r}$$

の x 成分は、$\bar{p}_x = -i\hbar \partial/\partial x$ であるから

$$= -i\hbar \int u_1^* \exp(-i\boldsymbol{k}_1\boldsymbol{r}) \exp(i\boldsymbol{k}\boldsymbol{r}) \partial/\partial x (\exp(i\boldsymbol{k}_2\boldsymbol{r})u_2) d\boldsymbol{r}$$

$$= -i\hbar \int u_1^* \exp(-i\boldsymbol{k}_1\boldsymbol{r}) \exp(i\boldsymbol{k}\boldsymbol{r}) (i\boldsymbol{k}_2 \exp(i\boldsymbol{k}_2\boldsymbol{r}) u_2 + \exp(i\boldsymbol{k}_2\boldsymbol{r}) \partial u_2/\partial x) d\boldsymbol{r}$$

$$= -i\hbar \int \exp(i(\boldsymbol{k}_2 - \boldsymbol{k}_1 + \boldsymbol{k})\boldsymbol{r})(i\boldsymbol{k}_2 u_1^* u_2 + u_1^* \partial u_2/\partial x) d\boldsymbol{r}$$

直交関係より $\langle u_1 | u_2 \rangle = 0$、したがって

$$= -i\hbar \int \exp(i(\boldsymbol{k}_2 - \boldsymbol{k}_1 + \boldsymbol{k})\boldsymbol{r}) u_1^* \partial u_2/\partial x \, d\boldsymbol{r}$$

$$= \int u_1^* \bar{p}_x u_2 \cdot \exp(i(\boldsymbol{k}_2 - \boldsymbol{k}_1 + \boldsymbol{k})\boldsymbol{r}) d\boldsymbol{r}$$

となる。ここに * は複素共役を示す。$\exp(i(\boldsymbol{k}_2 - \boldsymbol{k}_1 + \boldsymbol{k})\boldsymbol{r})$ は高速で位相を変える関数で（ ）の中が 0 でないと積分は 0 になる。
すなわち

$$\boldsymbol{k}_1 = \boldsymbol{k}_2 + \boldsymbol{k} \tag{10.89}$$

でなければならない。通常、光の $\boldsymbol{k}$ は

$$|\boldsymbol{k}| = 2\pi/\lambda = 2\pi/(0.5 \cdot 10^{-4}) \fallingdotseq 1 \cdot 10^5 \mathrm{cm}^{-1} \tag{10.90}$$

程度の大きさを持つ。これに対して電子の $\boldsymbol{k}$ である $\boldsymbol{k}_1$、$\boldsymbol{k}_2$ は $\boldsymbol{k}=0$ 近傍を除いて

$$|\boldsymbol{k}| \sim \pi/d = \pi/(5.4 \cdot 10^{-8}) \fallingdotseq 1 \cdot 10^8 \mathrm{cm}^{-1} \tag{10.91}$$

程度の大きさである。したがって $\boldsymbol{k}_1 \fallingdotseq \boldsymbol{k}_2$。$E-\boldsymbol{k}$ 図で遷移線を書くとほぼ垂直

となる。これをk選択則(k-selection rule)という。このことから、発光デバイスに使われる半導体材料に制限が加わるという重要な結論が導かれる。第3章の図3-11に示したように、半導体には価電子帯の頂部と伝導帯の下端のkが一致するものとしないものがある。通常電子およびホールはそれぞれ伝導帯下端および価電子帯頂部に分布するから、kの一致しない半導体ではこれら電子とホールの再結合が禁止されるわけである。すなわち直接再結合することができない。このような半導体を間接遷移 (indirect transition) 型半導体という。これに対しkを同じくするものを直接遷移 (direct transition) 型半導体という。直接遷移型半導体にはGaAs、InP、GaNなどがあり、多くのⅢ-Ⅴ族半導体がこれに属する。直接遷移は発光再結合であり、Ⅲ-Ⅴ族半導体が発光デバイスに用いられる理由である。間接遷移型半導体の代表はSiであり、再結合は大部分が非発光過程である。すなわち、伝導帯の最下端の電子が価電子帯の頂部のホールと再結合するにはkを変えなければならない。$p=\hbar k$で運動量を保存する必要があるため、遷移にはkの大きなフォノン(格子振動)の関与を必要とする。電子のエネルギーは格子の振動エネルギーに変換されるわけである。このため再結合しても光らない。間接遷移型半導体ではまた、直接再結合が禁止されてい

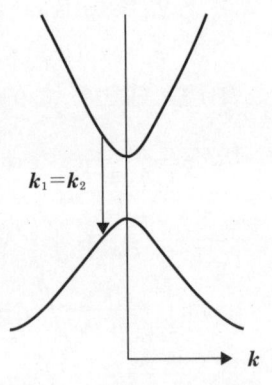

図10-7　k選択則による遷移

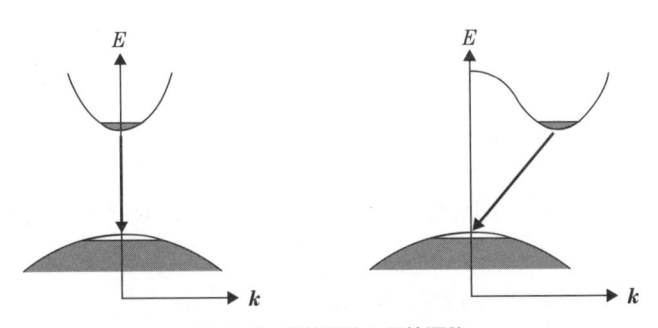

図10-8　直接遷移と間接遷移

るため、再結合の確率がきわめて低い。このため過剰少数キャリヤの寿命は非常に長くなる。GaAs のキャリヤ寿命が ns オーダーであるのに対し、Si のそれは長いものでは ms にも達し、6桁も異なる。

　一方、吸収については、間接遷移型半導体でも起こるが、その吸収係数は直接遷移型に比べて小さい。直接遷移型の吸収係数が電子の状態密度を反映して

$$\alpha \propto \sqrt{\hbar\omega - E_g} \tag{10.92}$$

で表されるのに対して、間接遷移型では

$$\alpha \propto (\hbar\omega - E_g)^2 \tag{10.93}$$

となることが知られている。図 10-9 に Si と GaAs の吸収係数の光子エネルギー依存性を示す。吸収の始まる最小エネルギー（最大波長）を基礎吸収端（fundamental absorption edge）という。これはとりもなおさずバンドギャップである。間接遷移型の Si は吸収係数の立ち上がりが遅く、吸収端近傍のエネルギーでは直接遷移型の GaAs に比べて 1 桁以上小さいことがわかる。

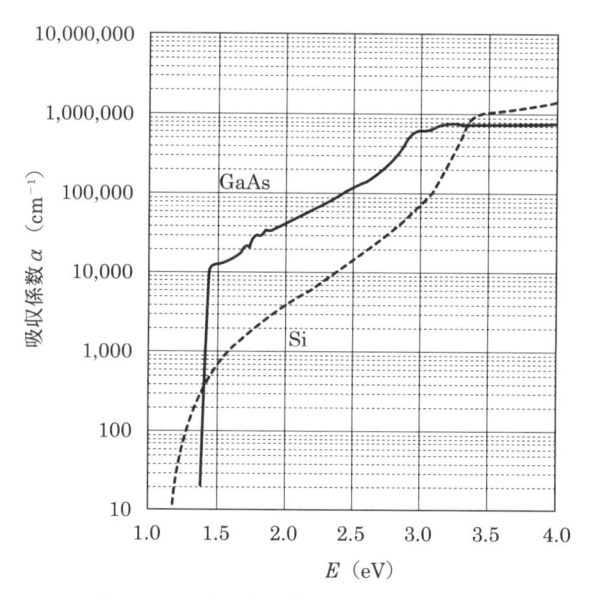

図 10-9　吸収係数の光子エネルギー依存性

6. 半導体中の各種発光・吸収過程

これまでバンド間遷移に話を限ってたが、半導体はこのほかにもいろいろな遷移によって光と相互作用する。以下に代表的な発光、吸収過程を示す。

① バンド間遷移

伝導帯と価電子帯の間で遷移する。これによる光の放出を真性発光、バンド端発光などと呼ぶ。またこれによる光の吸収を基礎吸収といい、吸収の始まる最小エネルギーを吸収端という。

② 不純物準位-バンド間遷移

ドナー準位と価電子帯、アクセプタ準位と伝導帯間の遷移。

③ （ドナー-アクセプタ）ペア発光・吸収

空間的に近接するドナーとアクセプタ間の遷移。

④ エキシトン発光・吸収

電子とホールが互いに引き合って、対を形成する。これをエキシトン（exciton）という。この生成消滅に伴う発光・吸収過程。

⑤ 伝導吸収

伝導帯の電子および価電子帯のホールによる伝導吸収。これは金属が光を吸収するのと同じ機構である。自由キャリヤ吸収（free carrier absorption）とも呼ばれる。

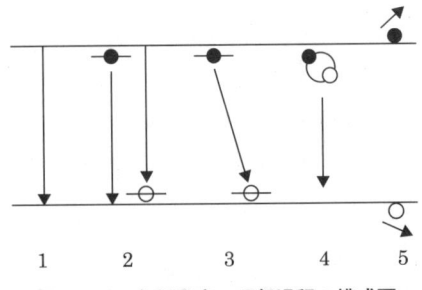

図10-10　各種発光・吸収過程の模式図

真性発光であれば通常励起は小さいからほぼバンドギャップエネルギー E_g のエネルギーの光が放出される。すなわち、

$$\hbar\omega = E_g \tag{10.94}$$

である。これを波長に換算してみると、単位に λ：μm、E_g：eV を用いて

$$\lambda = C/\nu = 2\pi C/\omega = 2\pi C\hbar/E_g$$
$$= 1.24/E_g \tag{10.95}$$

と表すことができる。これが第8章で述べたバンドギャップ相当波長である。

演習問題

1. Si が発光デバイスの材料に適さない理由を説明せよ。
2. GaAs のバンドギャップは 1.43eV である。これから放出される光子の波長、波数および角周波数を求めよ。
3. Si の屈折率 η、消衰係数 κ はそれぞれ、波長 0.8μm で 3.671、0.0055 である。このとき電気感受率の実部 χ' と虚部 χ''、および吸収係数 α を求めよ。
4. $|r|^2$ を $9.46 \cdot 10^{-20}$m^2 とすると、GaAs のバンドギャップ $E=1.43$eV において、アインシュタインの A、B 係数はそれぞれいくらになるか。ただし、屈折率 η は 3.6 とする。

第11章
発光デバイス

1. 発光ダイオード

　発光ダイオードとは、p-n 接合に順方向バイアスをかけて少数キャリヤを注入し、この少数キャリヤが再結合するときに光を放出することを利用する発光デバイスである。LED（light emitting diode）とも呼ばれる。発光は自然放出光である。発光波長は材料のバンドギャップで決まり、ほぼ単色光である。ただし、エネルギーバンドに電子が分布することから後述するレーザダイオードに比べればスペクトル幅は相当広い。

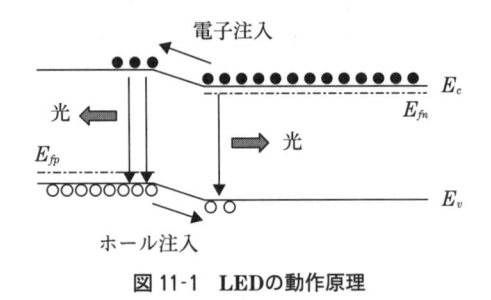

図 11-1　LEDの動作原理

　バンド間遷移による再結合の割合は次式で与えられる（付録6参照）。

$$R_{sp} = \int_{E_g}^{\infty} \gamma_{spon}(E) dE = B \cdot n \cdot p \tag{11.1}$$

ここに n、p はそれぞれ、電子およびホールの密度である。比例係数 B はアインシュタインの B 係数とは異なるものである。

p 型側に過剰少数キャリヤ Δn を注入したとき

$$n = n_p + \Delta n \tag{11.2}$$

ここに n_p は熱平衡時の電子密度である。中性条件を満たすために、同じだけホールも増えるから

$$p = p_p + \Delta n \tag{11.3}$$

したがって

$$\begin{aligned}
R_{sp} &= B \cdot (n_p + \Delta n) \cdot (p_p + \Delta n) \\
&= B \cdot (n_p p_p + (p_p + n_p)\Delta n + \Delta n^2) \\
&= R_{sp0} + B \cdot \Delta n \cdot (p_p + n_p + \Delta n)
\end{aligned} \tag{11.4}$$

ここに R_{sp0} は熱平衡時の自然発光の割合である。過剰少数キャリヤの発光再結合の時定数 τ_r を次式で導入する。

$$\frac{\Delta n}{\tau_r} = R_{sp} - R_{sp0} \tag{11.5}$$

これから

$$\tau_r = \frac{1}{B(p_p + n_p + \Delta n)} \tag{11.6}$$

n_p はもともときわめて小さな値であるから、励起が少なく $\Delta n \ll p_p$ のときは

$$\tau_r = \frac{1}{Bp_p} \tag{11.7}$$

一方、多数キャリヤ p_p より注入が多いときには

$$\tau_r = \frac{1}{B\Delta n} \tag{11.8}$$

となる。

　再結合にはこのほかにフォノンを介するものなど発光を伴わない、いわゆる非発光再結合がある。発光再結合の寿命を τ_r、非発光再結合寿命を τ_i とすると、すべての再結合のうち発光するものの割合は

$$\eta_i = \frac{\frac{1}{\tau_r}}{\frac{1}{\tau_r}+\frac{1}{\tau_i}} = \frac{\tau_i}{\tau_r+\tau_i} \tag{11.9}$$

である。これを内部量子効率（internal quantum efficiency）という。注入されたキャリヤのうち光子を放出したものの割合ともいえる。発光ダイオードの効率を上げるには、まず、この非発光再結合をできるだけ減らす必要がある。Siなどの間接遷移型の半導体では発光再結合寿命 τ_r がきわめて長く、非発光再結合が支配的であるため、事実上発光しない。

さて、半導体内部で発光した光は、半導体の外部に出てこないことには役に立たない。外部に取り出される光子数を注入キャリヤ数で割ったものを外部量子効率（external quantum efficiency）という。外部量子効率は取り出し効率 K を内部量子効率にかけて

$$\eta_{ex} = K \cdot \eta_i \tag{11.10}$$

通常半導体の屈折率は大きく臨界角は小さい。このため大部分の光は結晶内部に反射され、外に出てこない。このため取り出し効率が大きく発光ダイオードの効率を左右する。屈折率を η とすると、臨界角は $\sin\theta = 1/\eta$ で与えられ、$\eta = 3.5$ では 16.6 度となる。このとき臨界角中の出力の全出力に占める割合は

η	3.5
θ	16.6
K	0.021

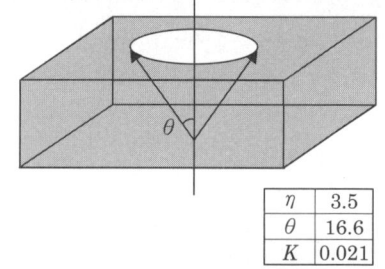

図 11-2　臨界角と取り出し効率

$$K = \frac{1}{4\pi r^2}\int_0^\theta 2\pi r \cdot \sin\Theta \cdot r \, d\Theta$$
$$= (1-\cos\theta)/2 \tag{11.11}$$

すなわち結晶の1面から光を取り出すと発光した分のわずか2%しか外に出てこない。6面すべてから光を取り出しても12%である。効率を上げるため裏面反射を利用したり、半球状に結晶を加工するなどの工夫がなされる。

発光ダイオードには表11-1に示すような材料、構造が用いられる。所望の波長に見合ったバンドギャップの材料が選ばれ、その材料に適したデバイス構

造が適用されている。ここで材料の後の（ ）は不純物ドーピングを示し、これらの発光ダイオードはバンド間遷移ではなく不純物を介した遷移を利用している。構造欄の記号のうちDHは2つのヘテロ接合を持つダブルヘテロ接合構造（double heterostructure）を示し、次節で詳述するようにレーザダイオードには不可欠な構造である。またSHはシングルヘテロ接合構造（single heterostructure）を、MQWは多重量子井戸（multiple quantum well）を示している。LEDにヘテロ接合を使う主な理由はバンドギャップの広い層が光を透過することによる。p-n接合から離れた場所では、励起キャリヤがないので発光した光はここで吸収されてしまう。この領域にワイドギャップ半導体を用いれば吸収されずに外に出ていく割合が増えるのは明らかであろう。特にp-n接合面から垂直に光を取り出す場合にこの効果は著しい。

表11-1 各種LEDの材料と構造

	材料	波長（μm）	構造
赤外	InGaAsP	1.30	DH
	GaAs	0.88	homo,DH
赤色	GaP (Zn,O)	0.70	homo
	AlGaAs	0.66	SH.DH
橙色	AlGaInP	0.62	DH
緑色	GaP (N)	0.57	homo
緑色〜紫	InGaN/GaN	0.45	MQW-DH
紫〜紫外	AlInGaN/GaN	0.40	MQW-DH

homo：ホモ接合
DH ：ダブルヘテロ接合
SH ：シングルヘテロ接合
MQW：多重量子井戸

2. レーザダイオード

発光ダイオードが自然放出光を利用するのに対して、誘導放出光を利用するのがレーザダイオード（laser diode；LD）である。半導体レーザとも呼ばれる。正味の誘導放出は誘導放出－誘導吸収で、2準位系ではそれは原子数をNとして

$$f_2(1-f_1) \cdot B_{21}W(\omega) \cdot N - f_1(1-f_2) \cdot B_{12}W(\omega) \cdot N$$

$$= B_{12}W(\omega)(f_2(1-f_1)-f_1(1-f_2)) \cdot N$$
$$= B_{12}W(\omega) \cdot (f_2-f_1) \cdot N \tag{11.12}$$

ここに

$$f_1 = \frac{1}{1+\exp\left(\dfrac{E_1-E_{f1}}{kT}\right)} \tag{11.13}$$

$$f_2 = \frac{1}{1+\exp\left(\dfrac{E_2-E_{f2}}{kT}\right)} \tag{11.14}$$

また

$$N_1 = f_1 N \tag{11.15}$$
$$N_2 = f_2 N \tag{11.16}$$

である。熱平衡では$E_{f1}=E_{f2}$で上の準位E_2のフェルミ分布が小さいのでこの値は負になる。すなわち吸収が起こる。何らかの方法で上の準位の分布を下よりも増やすことによって誘導放出を正とすると電磁波$W(\omega)$は増幅される。この増幅機構を使うのがレーザ (laser ; light amplification by stimulated emission of radiation) である。(11.12) 式からわかるように、正味の誘導放出は (N_2-N_1) に比例する。N_2とN_1の比をとってみると、熱平衡では

$$\frac{N_2}{N_1} = \frac{1+\exp((E_1-E_f)/kT)}{1+\exp((E_2-E_f)/kT)} \fallingdotseq \exp\left(\frac{E_1-E_2}{kT}\right) \tag{11.17}$$

となっている。この値を1より大きくする、すなわち$N_2-N_1>1$として正味の誘導放出を正とするには、形式的にTを負としなければならない。このため、この状態を負温度という。また、

$$f_2 > f_1 \tag{11.18}$$

となるためには (11.13)、(11.14) 式から

$$E_{f2}-E_{f1} > E_2-E_1 = \hbar\omega \tag{11.19}$$

となる必要があることがわかる。これをベルナール‐デュラフール (Bernard-Duraffourg ; B-D) の条件という。これが増幅が起こる条件である。

　発振は電子回路でも同じであるが、増幅と帰還によって得られる。帰還とは出力の一部を入力に戻すことをいう。増幅器のゲイン（利得）をA、帰還

(feedback）の割合をβ、入出力をそれぞれI_i、I_oとして

$$(I_i + \beta I_o) \cdot A = I_o \tag{11.20}$$

であるから、

$$I_o = \frac{A}{1 - A\beta} I_i \tag{11.21}$$

図11-3　発振回路

である。$A\beta = 1$となるとき、出力は∞となる。これを発振という。実際には、I_oが無限に大きくなるには無限のエネルギーがかかるのでそんなことは起こらず、出力はどこかで頭打ちになる。出力が増すにつれて増幅器のゲインが減るわけである。これをサチュレーション（飽和）という。

レーザ発振もこれと同じで上記誘導放出による増幅に帰還をかけ、光の周波数で発振を起こさせるものである。レーザの帰還は通常一対の鏡によって行われる。これがキャビティーを形成するわけである。半導体レーザの場合は結晶の劈開面が使われる。劈開面はほぼ完全な平行平板の鏡となるからである。

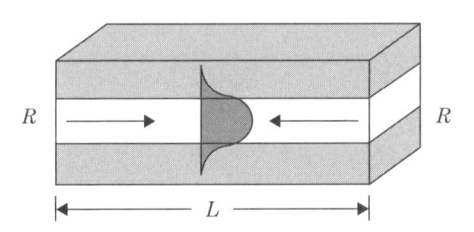

図11-4　半導体レーザ中の導波モードと帰還

発振は正味の周回ゲインが1のときに起こるから、単位長さ当たりのゲインをg、損失（loss）をα、反射率をRとすれば

$$\exp((g-\alpha)2L) \cdot R \cdot R = 1$$

$$\therefore g = \alpha + \frac{1}{L} \ln\left(\frac{1}{R}\right) \tag{11.22}$$

である。なお、ここでのαはもちろんバンド間吸収ではなく、他の機構による吸収および回折損失などであり、通常自由キャリヤ吸収がその大部分を占め

る。

　キャビティー中に存在するモード（縦モード）は、半波長の整数倍がキャビティー長Lとなるから、

$$L = n \cdot \frac{\lambda}{2\eta}$$

$$\therefore \lambda = \frac{2\eta L}{n} \quad ; \quad n = 1, 2, 3, \cdots\cdots \tag{11.23}$$

これをnで微分して

$$\frac{d\lambda}{dn} = 2L \frac{d\eta/dn}{n} - \frac{2\eta L}{n^2} = \frac{\lambda}{\eta} \frac{d\eta}{d\lambda} \frac{d\lambda}{dn} - \frac{\lambda^2}{2\eta L} \tag{11.24}$$

したがって、モード間隔$\Delta\lambda$は

$$\Delta\lambda = -\frac{d\lambda}{dn} = \frac{\dfrac{\lambda^2}{2\eta L}}{1 - \dfrac{\lambda}{\eta}\dfrac{d\eta}{d\lambda}} \tag{11.25}$$

で与えられる。

3. ダブルヘテロ接合レーザ

　B-D条件はフェルミレベルの差がバンドギャップより大きいことを意味している。これをp-n接合からの注入で実現するにはn型、p型双方にきわめて高密度のドーピングを必要とする。また、拡散によって接合から遠く離れレーザ発振領域から失われるキャリヤを補うため大きな注入量を必要とする。さらには、通常、p型側に注入される電子とn型側に注入されるホールはゲインピークが異なるためどちらか一方のみが発振に寄与し、他方は無駄に消費される。これらのため、ホモ接合レーザはしきい値電流（発振を開始する電流値）が大きく、発熱のために室温で連続発振をさせることができなかった。

　これを解決したのがダブルヘテロ接合（DH）レーザである。図11-5のようにp-nヘテロ接合に近接してp-pヘテロ接合を設ける。すなわちナローギャップ半導体をワイドギャップ半導体で挟んだものである。中央の層を活性層

(active layer）と呼ぶ。また、両側から挟むワイドギャップ半導体層をクラッド層（cladding layers）という。注入された電子は p-p ヘテロ接合の高い障壁に阻まれて活性層から逃げられない。活性層の幅を電子の拡散距離より十分狭くすれば、活性層内部は一様なきわめて高密度の注入電子分布が得られる。電荷中性の条件によりホールも同量だけ活性層に流れ込むから、各層に高密度のドーピングをすることなく、B-D 条件は容易に実現される。これをキャリヤ閉じ込め効果（carrier confinement effect）という。またこの p-n ヘテロ接合において n 型側へのホール注入もほとんどないから、流す電流はすべて無駄なくレーザ発振に寄与することになる。

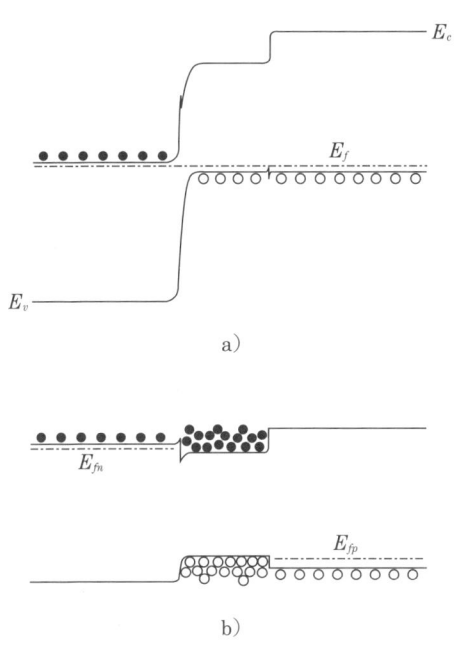

図 11-5　DH 構造の a）平衡時、b）バイアス時のバンド図

DH 構造はまた、光の閉じ込め効果（optical confinement effect）も有し、キャリヤと光の相互作用をより効果的にしている。一般に半導体のバンドギャップが小さいほど同じ波長での屈折率は高い。光は屈折率の高いところに

集中しようとする性質があり、光ファイバがそうであるように、電磁界は屈折率の高い領域に集中して伝播する。いわゆる誘電体導波路（dielectric waveguide）である。DH 構造は期せずして図 12-3 に示したようなスラブ型導波路（slab waveguide）構造にもなっていたわけである。一次元の誘電体導波路、すなわちスラブ型導波路の層方向に垂直な電磁界分布（横モード）は屈折率差 $\Delta\eta$ と屈折率の高い中央の層の厚さで決まる。厚さを、$\Delta\eta$ で決まる一定値以下にすると、高次のモードをすべて遮断することができ、最低次の横モードのみ伝播させることができる。すなわち発振がいくつもの横モードで起こることを防ぐことができる。これを横モード制御という。DH レーザではキャリヤ閉じ込めのために活性層厚を十分薄く設定するので層に垂直方向はこの条件を満たしている。横モードにはもう 1 つの方向がある。すなわち、光の進行方向には同様に垂直で、ヘテロ接合の各層に平行な方向である。この方向にも屈折率差をつけ、横モードを制御しようといろいろなレーザ構造が開発された。最もシンプルな考え方は、この方向も低屈折率材料で挟むもので埋め込み（BH；buried heterostructure）レーザといわれる。この方向は通常活性層の厚さほど狭くすることができないため、初期の半導体レーザでは制御が難しく、多（マルチ）モードで発振するものが多かった。最初に単一モードを実現したのは TJS（transverse junction stripe）レーザであった。これはダブルヘテロ接合を垂直に横切って p-n 接合を設けたもので、p-n 接合の弱い屈折率差を利用したものである。現在の半導体レーザは、等価的に $\Delta\eta$ を下げる工夫などにより、すべて横モードは縦横方向とも単一モードとなっている。

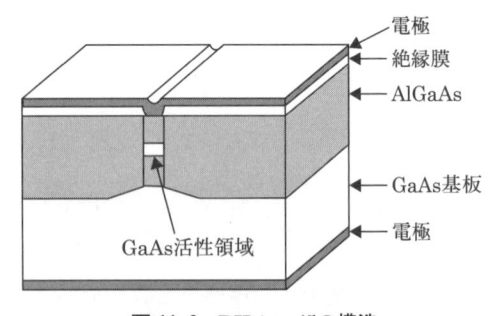

図 11-6　BH レーザの構造

DH 構造では注入キャリヤが有効にレーザ発振に使われると述べたが、実はこれは空間的分布の話で、エネルギー分布としてはすべてのキャリヤが発振に寄与するわけではない。前章で述べたようにゲインを持つのは一部のエネル

ギー位置のみであり、さらにレーザ発振はこのピーク付近の極狭いエネルギー幅で起こる。したがって他のエネルギーを持つ電子―ホール対は発振に直接寄与せず、これらは自然放出によって失われていく。レーザ発振が起こる特定のエネルギーを持つ電子―ホール対を相対的に多くすれば無駄な電流が少なくなりしきい値電流は下がる。このような考えから、量子井戸レーザが生まれた。先に見たように、一次元量子井戸では状態密度が一定になる。したがってキャリヤのエネルギー分布が図 11-7 に示すようにバルク（三次元結晶）のなだらかな分布とは異なり、先鋭な分布となる。すなわちレーザ発振に必要な特定のエネルギー位置の電子―ホール対密度を得るのに、全キャリヤ密度はバルクより少なくてすむ。活性層内に 1 つの量子井戸を設けたものを SQW（single quantum well）、複数の井戸を持つものを MQW という。量子井戸の次元を上げるとさらに状態密度は狭いエネルギーに集中する。二次元のものを量子細線（quantum wire）、三次元のものを量子ドット（quantum dot）レーザといい、さらなる低しきい値化が研究されている。

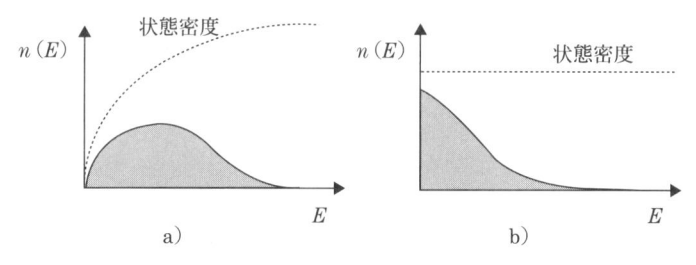

図 11-7 バルクと量子井戸での状態密度と電子分布

代表的な LD の材料と波長を表 11-2 に示す。材料欄の左の物質が活性層を構成する材料であり、これで発振波長が大まかに決まる。/ の右はクラッド層である。活性層との間で十分なバンドギャップ差があり、また格子定数差がきわめて少ない材料が選択される。発振波長は LD の用途で決まる。通信用光源としては、光ファイバの損失が少ない波長帯である $1.3\mu m$ や $1.55\mu m$ の LD が使われる。一方、CD や DVD などの光ディスクの書き込み、読み出し用に

は記録密度が上がる、より短波長のLDが望ましい。ディスク装置とLDの開発タイミングでCDにはAlGaAsの赤外光LDが、DVDにはAlGaInPの赤色LDが使われた。次世代の光ディスクは青色あるいは紫外のLDを使うことになる。

表11-2 レーザダイオードの種類

材料		波長（μm）
赤外	InGaAsP/InP	1.55
		1.3
	GaAs/AlGaAs	0.85
赤色	AlGaInP/AlGaInP	0.65
緑色	ZnSe/ZnSSe	0.5
青色	InGaN/GaN	0.4

4. レーザ出力

LDの出力光はレーザ光であり、LEDの出す自然放出光とは光の性質が大きく異なる。LDに流す電流を次第に増していくと、低電流領域ではLEDと同様に電流に比例して自然放出光が強度を増すが、次第に誘導放出光成分が強まりスーパーリニア（super linear）に強度が上がっていく。この領域で出力光のスペクトルを見ると、(11.23)式で決まる縦モード群が、広い自然放出光スペクトル上に重なっている。電流を上げるとともに、このこの縦モード群の数は急速に減少する。ゲインが損失に等しくなるしきい値に達した後は、1本の縦モードに出力が集中していく。このとき出力は一定の傾き$\Delta P/\Delta I$で上昇する。外部微分量子効率（external differential quantum efficiency）は

$$\eta_d = \frac{\Delta P}{\hbar \omega} / \frac{\Delta I}{e} \tag{11.26}$$

と定義される。すなわち外部に出力されるレーザ光の光子数を注入されるキャリヤ数で割ったものである。内部微分効率をη_iとすると

$$\eta_d = \eta_i \frac{\ln(1/R)}{\alpha L + \ln(1/R)} \tag{11.27}$$

となる。DH レーザでは通常 η_i は 1 にきわめて近く、70% 近くの η_d も得られる。

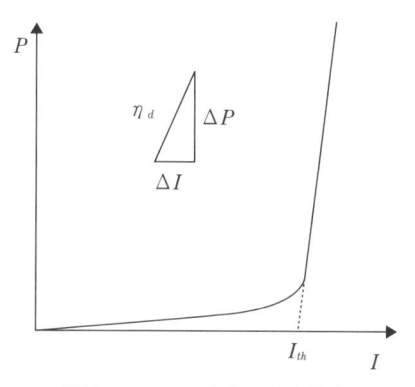

図 11-8 LD の出力—電流特性

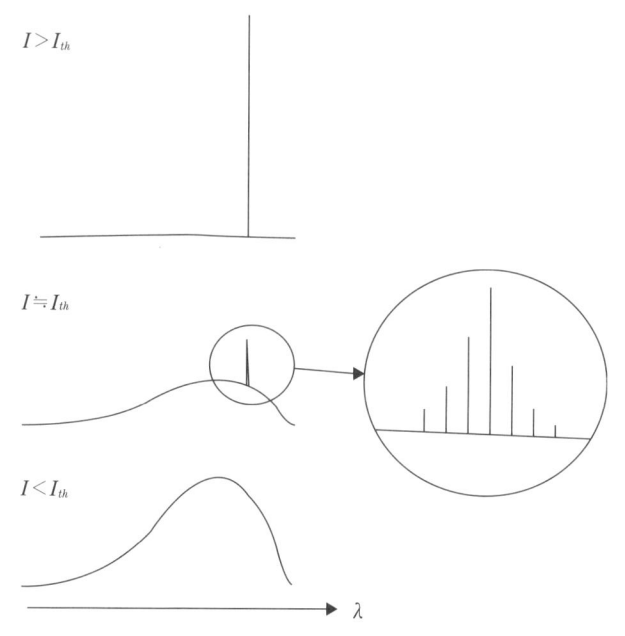

図 11-9 LD 出力の電流によるスペクトル変化
ここに電流の増加とともに従軸のスケールは縮めてある

レーザ発振する角周波数ωの1つのモード中の平均光子数は量子力学によって計算することができる。この計算は複雑で本書の範囲を超えるので、ここでは結果だけを示す。このモードの全キャビティー損失をC、ポンピング（高いエネルギーへの電子の汲み上げ割合）をp、しきい値の2倍での平均光子数をβとすると、光子数mをとる確率P_mと平均光子数$\bar{n}$はしきい値より下で、

$$P_m = \frac{\bar{n}^m}{(1+\bar{n})^{(1+m)}} \tag{11.28}$$

$$\bar{n} = \frac{p/C}{1-p/C} \tag{11.29}$$

しきい値を超えて

$$P_m = \frac{(\beta+\bar{n})^{(\beta+m)} \exp(-\beta-\bar{n})}{(\beta+m)!} \tag{11.30}$$

$$\bar{n} = \beta\left(\frac{p}{C}-1\right) \tag{11.31}$$

と近似される。GaAs LDのパラメータを用いてこれから計算される平均光子数の励起依存性を図11-10に示す。しきい値近傍で何桁も急速に数を増していることがわかる。ここに横軸にはポンピングと損失の比p/Cをとっている。LDの場合は電流に比例すると考えてよい。

光子数mをとる確率P_mをしきい値より下と上について図11-11に示す。$p/C=0.5$の場合は自然放出光であり、モードの光子数はきわめて少なく、また光子数0の確率が最も高い。すなわち当該モードの出力光が0である時間が一番長いことになる。しきい値を超え、ポンピングが損失の2倍程度になるとこの傾向は一

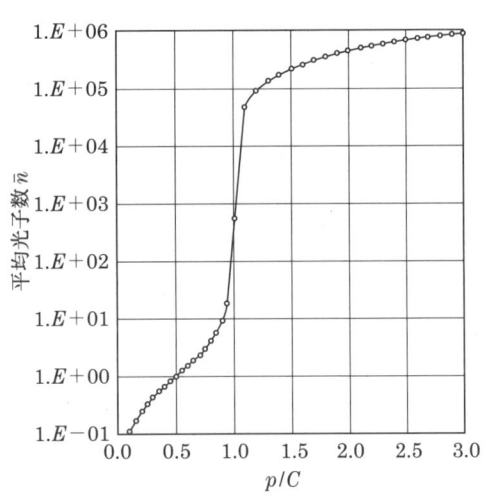

図11-10　レーザ発振モードの中の平均光子数

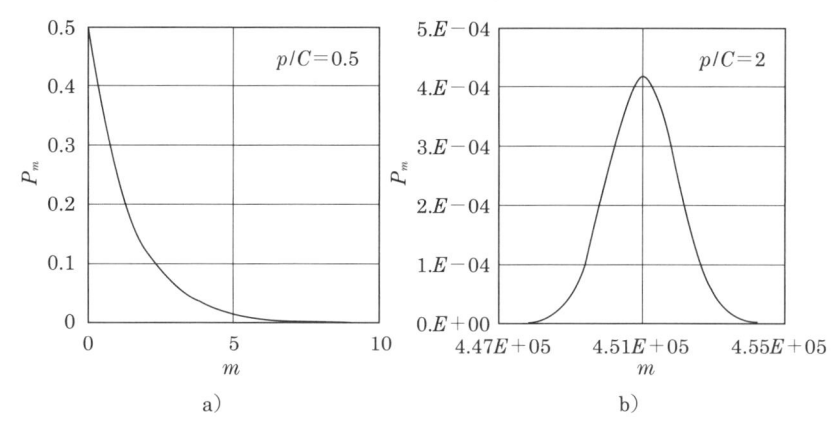

図 11-11 光子数 m をとる確率 P_m

変する。図 11-11 b) に見るように光子数は非常に大きな平均値 $\bar{n}$ の周りのきわめて狭い範囲に分布し、もはや 0 になることはない。すなわち、レーザ光では $\bar{n}$ 程度の光子数が常に存在し、電界強度は時間的にほぼ一定となる。ただし、位相は無限に連続ではなく、$10\mu s$ 程度で変化することが計算から導かれる。これから、一定時間ごとにレーザ光の電界を複素数座標にプロットしていくと図 11-12 のような円環状となる。これに比べて LED のような自然放出光ではきわめて小さい円の中がすべて塗りつぶされ、かつ中央、すなわち電界 0 の密度が最も高くなる。LED が波長の異なる、時間的にきわめて短い間しか連続しない、かつ、あらゆる方角に放射される光を出すのに対して LD は単一波長で、かなりの時間連続した、かつ一定方向の光を放射する。このため LD の出力光は時間的にも空間的にもきわめて干渉性の高い光となっている。この性質をコヒーレント（coherent）であるという。

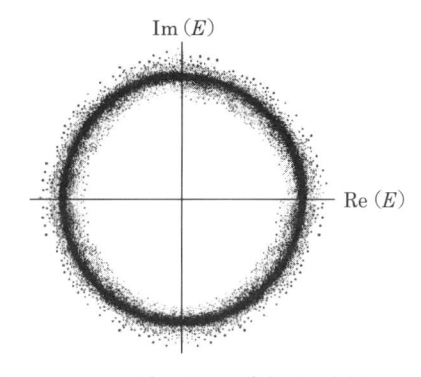

図 11-12 レーザ光の電界の実数部と虚数部

演習問題

1. 非発光再結合寿命 $\tau_i=100\mu s$ とし、発光再結合寿命 τ_r を 10ns および 100ms とすると LED の内部効率はそれぞれいくらになるか。
2. 共振器長 $300\mu m$、波長 $0.87\mu m$、屈折率 3.5 のときの縦モード間隔を求めよ。ただし $d\eta/d\lambda$ は簡単のため 0 とする。
3. 波長 $0.87\mu m$ の LD 出力がしきい値を超えて、電流が 1mA 増えるごとに 1mW 上昇した。外部微分量子効率はいくらか。また、共振器長 $300\mu m$、反射率 0.3、内部損失を $10cm^{-1}$ とすると内部微分量子効率はいくらか。
4. LED と LD の出力光の違いを述べよ。

第12章

受光デバイス

1. フォトダイオード

　光を受け電気に変換するデバイスが受光デバイスである。このうち信号の伝達に用いられるものがフォトダイオード（photo diode）である。バンドギャップ以上のエネルギーを持った光は半導体中で吸収され電子－ホール対を発生する。この電子－ホール対が再結合する前に分離し外部へ電流として取り出す仕掛けが必要である。ここにも p-n 接合が用いられる。

　図12-1に分離の原理を示す。逆バイアスをかけた p-n 接合近傍で電子－ホール対が発生すると、空乏層で発生したものはそれぞれ高い電界によって多

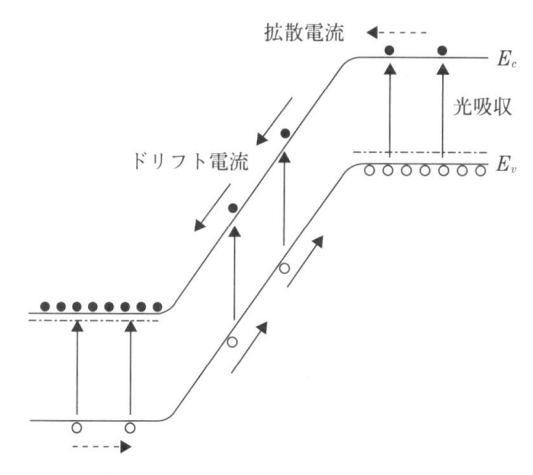

図 12-1　フォトダイオードの動作原理

数キャリヤ側にドリフトで流れる。また、空乏層外で発生した小数キャリヤは拡散によって空乏層に流れ込み、ここからはドリフトによって相手方の半導体層に流れ込む。このようにして、発生した電子およびホールはそれぞれ多数キャリヤとなる半導体層に流れていき分離される。外部に抵抗を繋げばこれが電流として検出される。

フォトダイオードに要求される性能は応答速度と感度である。応答速度はまず、電気回路的に CR 時定数で制限される。電力が低周波の 1/2 になる周波数を遮断周波数 f_c という。これは時定数 $\tau = CR$ として

$$f_c = \frac{1}{2\pi\tau} \tag{12.1}$$

で決まる。さらにキャリヤの走行時間が応答を制限する。走行速度を v、走行距離を w とすると走行時間 t_d は

$$t_d = \frac{w}{v} \tag{12.2}$$

である。このとき遮断周波数は

$$f_c = \frac{0.44}{t_d} \tag{12.3}$$

となることが知られている。これらの低いほうの値でフォトダイオードの遮断周波数が決まる。

空乏層中には大きな電界がかかっており、この中のキャリヤの走行はドリフトである。ドリフト速度は

$$\boldsymbol{v}_d = \mu \boldsymbol{E} \tag{12.4}$$

で与えられるが、電界とともに無限に速度が増すわけではない。電界が高くなり $\boldsymbol{v}_d$ が増していくと散乱が増え μ が低下し、速度は一定値に飽和していく。これを飽和ドリフト速度という。飽和は電界が $1 \cdot 10^3 \sim 1 \cdot 10^4 V/cm$ で生じ、$\boldsymbol{v}_d$ は $1 \cdot 10^7 cm/s$ 程度となる。ドリフト速度は拡散による走行速度 $v_{diff} = D(dn/dx)/n$ より遙かに速い。したがって空乏層中でキャリヤを多く発生させると全体に応答速度は速くなる。空乏層幅を広げるために、p 型層と n 型層の間に i 層 (intrinsic；真性半導体) を挟んだ p-i-n フォトダイオードがこうしてできた。

これには p-n 接合の接合容量を減らし、CR 時定数を小さくする効果もある。

p-i-n 構造は、しかし、電界のかからない表面や内部でも一部キャリヤが発生し、拡散によって i 層に達するまでに時間がかかる。このため周波数特性を低下させたり、パルス動作では図 12-2 のような裾引きを生じる。信号光のエネルギーよりバンドギャップの広い半導体を表面層に用いることにより、拡散成分をなくすことができる。これをヘテロ接合の窓効果という。ヘテロ接合を用いた具体的なフォトダイオード構造を図 12-3 に示す。

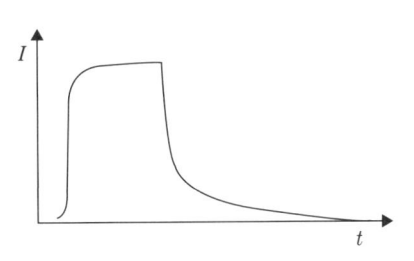

図 12-2　裾引きを持つPDのパルス出力波形

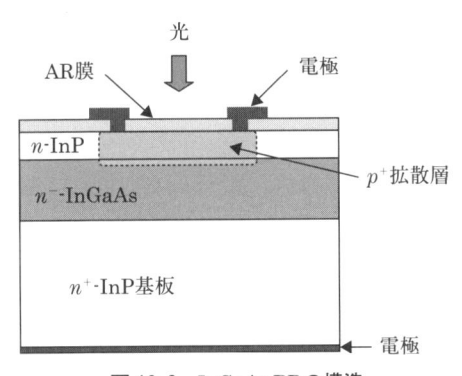

図 12-3　InGaAs PDの構造

PD のもう 1 つの重要な特性は感度である。感度は、信号に対する雑音の大きさにより、信号対雑音比 S/N で表される。雑音には電流の揺らぎに基づくショット雑音（shot noise）と、温度 T の熱雑音（thermal noise）がある。ショット雑音の雑音電力は電流を I、負荷抵抗を R、帯域幅を B として

$$P_s = 2eIRB \tag{12.5}$$

単位 $[P_s] = [\mathrm{CA\Omega Hz}] = [\mathrm{W}]$

熱雑音の電力は

$$P_t = 4kTB \tag{12.6}$$

で与えられる。したがって、S/N は

$$\frac{S}{N} = \frac{I_s^2 R}{2eIRB + 4kTFB} \tag{12.7}$$

となる。なお、ここで I_s は全電流 I の中の信号光電流であり、また F は増幅器の雑音指数（noise figure）である。雑音指数とは増幅器から発生する熱雑音を加えて、全熱雑音が入力熱雑音に対して何倍になるかという係数である。これから、S/N を上げるには暗電流（dark current）を押さえ、信号光電流成分をできるだけ大きくする必要があることがわかる。

フォトダイオードに限らず受光デバイスには必ずといってよいほど光を半導体内部に効率的に取り込むため反射防止（anti-reflective；AR）膜が用いられる。絶縁体（誘電体）膜を表面に設け、光の波長に対して厚さを $\lambda/4$ とすることで表面反射によるロスをほとんどなくすことができる。表面反射率は入射側の屈折率を η_1、出射側を η_2 として

$$R = \frac{(\eta_1 - \eta_2)^2}{(\eta_1 + \eta_2)^2} \tag{12.8}$$

で与えられるから、一般的な半導体の屈折率3.5程度では30%もの光が反射されて半導体内部に入射しない。AR膜を設けると、反射防止膜表面で反射される光と膜背面で反射される光の位相が逆転し打ち消し合う。両者の強度が同じなら反射光は0となる。厳密には多重反射を考慮しなければならないが、簡単のためこれを無視すると、この条件は、半導体の屈折率を η_3 として、AR膜裏

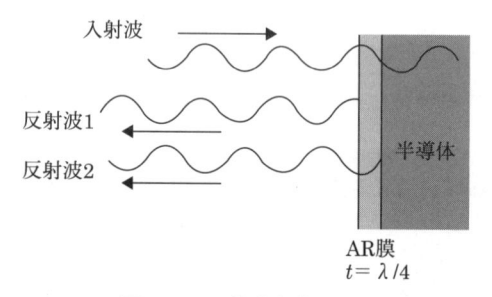

図 12-4 反射防止膜の効果

面からの反射は

$$R=\frac{(\eta_2-\eta_3)^2}{(\eta_2+\eta_3)^2} \tag{12.9}$$

となるから、

$$\eta_2=\sqrt{\eta_1\eta_3} \tag{12.10}$$

と求まる。すなわち入射側の屈折率（通常空気で$\eta_1=1$）と半導体の屈折率の幾何平均を持った材料でAR膜を形成すれば反射をほぼ0にすることができる。Si_3N_4膜は屈折率が2.0程度でほぼこの条件を満足するためしばしばAR膜として利用される。

　感度を上げるためアバランシフォトダイオード（avalanche photo diode；APD）と呼ばれる構造がある。光電子増倍管（フォトマルチプライア）を固体で実現したようなもので、なだれ増倍により多数のキャリヤを作り出す。電界Eで加速された電子（またはホール）は格子散乱などでエネルギーを失い平均的には飽和ドリフト速度で移動するが、一部はさらに高エネルギーを得てバン

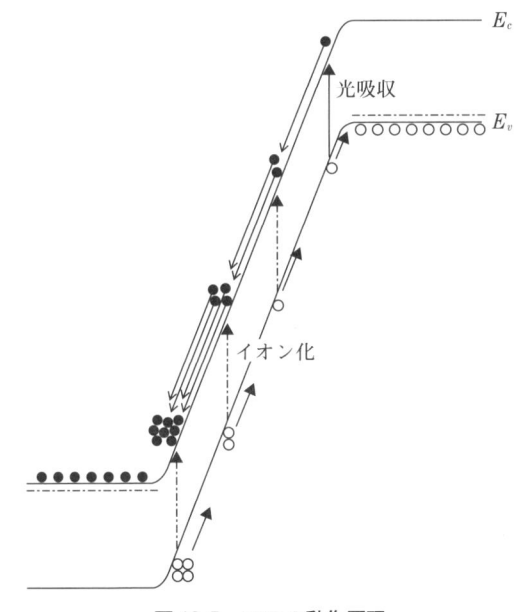

図 12-5　APDの動作原理

ドギャップ E_g を超える。このとき、価電子帯の電子を伝導帯にたたき出す。これを衝突電離（イオン化）という。これによってできた電子およびホールはさらに新たな衝突電離を起こし、なだれ的にキャリヤ数は増加する。すなわち1個の光子が吸収され何十、何百という電子、ホールが発生する。

APDのS/Nは、電流の増倍率をMとすると、信号電流、ショット雑音電流ともにM倍になるから

$$\frac{S}{N} = \frac{I_s^2 M^2 R}{2eIF_{APD}M^2RB + 4kTFB} \tag{12.11}$$

となる。ここにF_{APD}はAPDの過剰雑音係数である。常温ではショット雑音より熱雑音が大きいので、ショット雑音が熱雑音と同程度になるまで増倍率Mを上げると、この式でS/Nが高くなることがわかる。これがAPDを用いると感度の上がる基本原理である。しかし増倍の揺らぎのために新たな雑音も付け加わる。これを表す指標F_{APD}は次の式で与えられることが知られている。

$$F_{APD} = M\left\{1 - (1-k)\left(\frac{M-1}{M}\right)^2\right\} \tag{12.12}$$

ここにkはイオン化率比である。1個の電子（ホール）が単位距離走行したとき生成する電子－ホール対の数をイオン化率といい、電子のそれをα、ホールのそれをβとするとイオン化率比

$$k = \beta/\alpha \quad （または\alpha/\beta） \tag{12.13}$$

である。ここに$0 \leq k \leq 1$となるように選ぶ。$k=1$が最悪で、kが1から離れるほどF_{APD}は小さくなる。すなわち過剰雑音が少なくなり、より高い感度が得られる。イオン化率比は材料で決まり、Siでは1/50～1/100、InGaAsでは1/2程度である。

2. イメージセンサ

ビデオカメラや最近のディジタルカメラなどには、従来の銀塩フィルムに相当する役割を果たすイメージセンサという撮像デバイスが使われている。基本的にはフォトダイオードを二次元に配置したものであるが、信号の読み出し方

法に特徴がある。電荷結合デバイス（CCD；charge coupled device）が長く王座を独占してきたが，最近ではMOSトランジスタと組み合わせたMOSイメージセンサも多く使われるようになった。

　CCDは金属−酸化膜−半導体構造のMOS型ダイオードに蓄えられた電荷を次々と隣のダイオードに転送して信号を読み出すものである。第7章，図7-14 c）に示したように，MOS構造に瞬間的に大きな電圧をかけると空乏層が深く伸び電位の井戸が形成される。このまま数秒といった長い時間電圧をかけ続けると次第に熱励起された電子が集まり反転層が形成される。CCDはこの電子が集まる前の過渡的な状態を利用する。CCDの動作を図12-6を使って説明する。電極を3つずつ組にして異なる電圧 V_1、V_2、V_3 を特定のタイミングで印加する。ここに V_1 は空乏層ができる程度の低い電圧、V_2 は電位の井戸を作るに十分な電圧、V_3 はさらに高い電圧である。それぞれたとえば5、10、15V程度の電圧である。a）の状態で何らかの方法で電子が電子の井戸（3つ

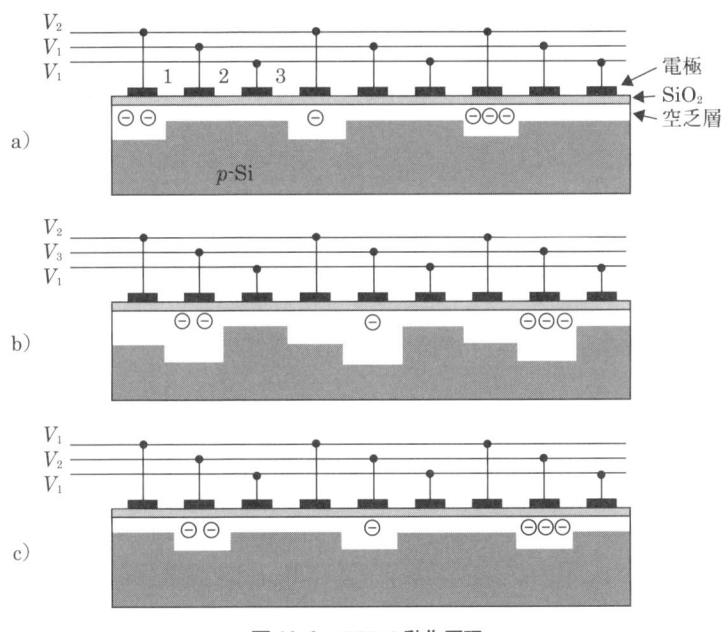

図12-6　CCDの動作原理

ごとの電極下にできている）に導入されたとする。電圧を切り替え b）の状態にすると、右隣の電極下にさらに深い電位の井戸ができるために電子はそちらに移動する。次に c）のような電圧に切り替えると電子は再び通常の深さの井戸の中に納まり、a）と同じ、ただし 1 電極分だけ右にずれた配置となる。この動作を繰り返していくと電子は次々と隣の電極下に移っていく。1 つの電極にかける電圧の時間的変化は $V_2 \to V_2 \to V_1 \to V_1 \to V_1 \to V_3$ となっており、これが 1 サイクル回ると電荷は 3 電極分、すなわち 1 組分を移動する。また 3 本の配線の電圧はそれぞれ位相が 120 度異なっている。

　CCD イメージセンサには電荷の導入にフォトダイオードを使うものと、CCD 自身を受光デバイスとしても用いるものがある。図 12-7 はフォトダイオードを使う場合でインターライン型と呼ばれる。ここでは簡単のため 3×6 のアレイが図示してあるが実際は動画用で 640×480〜30 万画素、カメラ用では 800 万画素などの膨大な量のアレイである。1 枚のイメージセンサでカラー撮影をするには三原色に対応するためさらに 3 倍必要となる。これは次のように動作する。まず、光を受けた全フォトダイオードに繋がるトランスファーゲートが一斉に開けられ垂直転送 CCD に電荷を注入する。ゲートが閉じられ

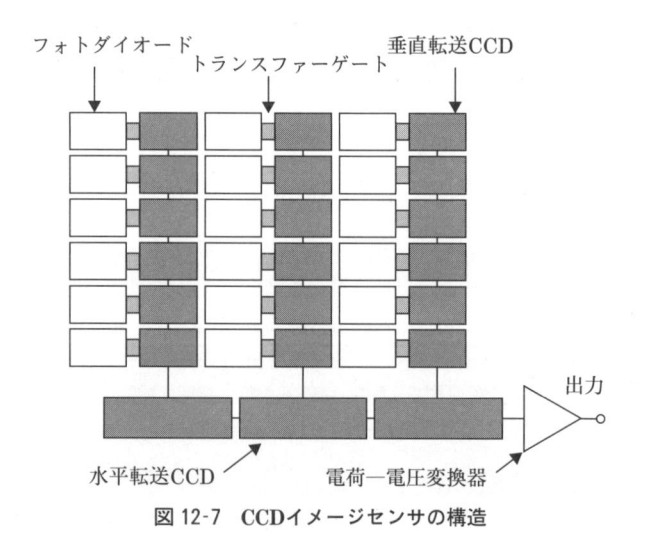

図 12-7　CCD イメージセンサの構造

第 12 章　受光デバイス　165

垂直転送 CCD が電極 1 組分を転送すると各列最下部の電荷は水平転送 CCD に送られる。水平転送 CCD は順次電荷を転送し全水平画素分の電荷を電圧に変えて時系列データとして出力する。これが終わると再び垂直 CCD が動き次の列の水平データを取り出し、全画素を読み出すまでこれを繰り返す。このようにフォトダイオードアレイの読みとったある時刻における光量の二次元分布を時系列信号データとして読み出すわけである。フォトダイオードを使わず、垂直転送 CCD の各素子で直接受光しキャリヤを発生させる方式のものもある。これをフルフレーム転送型 CCD という。開口率を大きくとれるので、インターライン型に比べて感度が高い。しかし、電荷転送中に受光しないよう光を遮断する機械的シャッターが必要となる。

　フォトダイオードと MOS トランジスタを組み合わせてメモリと同じようにマトリックス状に配置して各フォトダイオードの信号を読みとる方式のものを MOS イメージセンサという。感度は CCD に劣るが、CCD のように電源を 3 種必要とせず、また低コストであることから携帯電話などを中心に最近普及が進んでいる。図 12-8 に MOS イメージセンサの回路構成を示す。

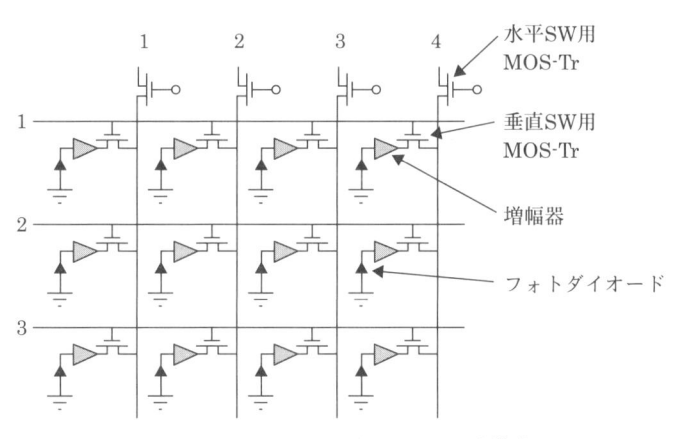

図 12-8　MOSイメージセンサの回路構成

3. 太陽電池

 光を電気に変換してエネルギー、すなわち電力として取り出すのが太陽電池である。電池というが、電気を蓄える機能はない。初期に英語のソーラーセル（solar cell）を誤訳したものが、一般的名称として定着した。基本的な構造はやはり p-n 接合であり、フォトダイオードと同様である。しかし、電力を取り出すため外部電圧は印加できない。このためキャリヤの発生はほとんど空乏層外で起こり、これらは拡散で流れる。

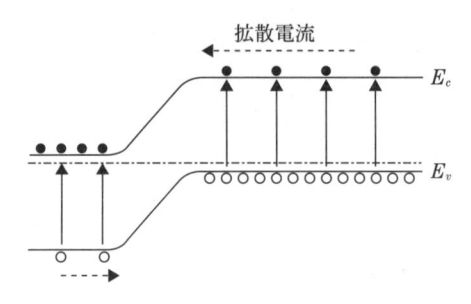

図 12-9 太陽電池の動作原理

 太陽電池の電流—電圧特性を調べてみよう。光を吸収して生成した過剰小数キャリヤは拡散によって p-n 接合に到達するとポテンシャル差により相手方の半導体層に流れ込む。流れ込んだキャリヤは多数キャリヤとなってその密度を増やす。このためこの領域のポテンシャルを順方向バイアスの方向に動かそうとする。外部に抵抗 R を接続すると、これには電圧 V がかかり、電流 $J=V/R$ が流れる。R を変化させると図 12-10 に示す軌跡を描く。最大電流は $V=0$ のときに得られ、これを短絡電流（short circuit current）J_{sc} という。また最大電圧は $J=0$ のときで、開放電圧（open circuit voltage）V_{oc} という。この電流—電圧の軌跡は J_{sc} から p-n 接合の順方向電流を差し引いたものになっている。太陽電池から得られる最大電力は $V \cdot J$ が最大になる点で、この点の電圧、電流をそれぞれ V_m、J_m とするとフィルファクター（fill factor；FF）は

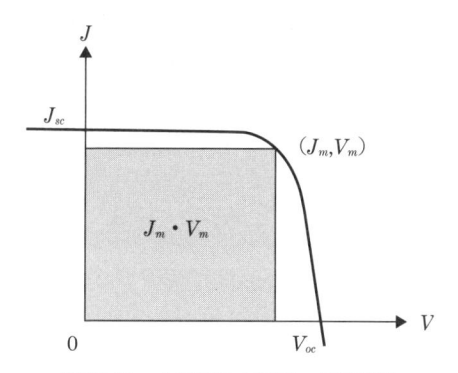

図 12-10　太陽電池の電流―電圧特性

次式で定義される。

$$FF = \frac{J_m V_m}{J_{sc} V_{oc}} \tag{12.14}$$

　温帯圏の真夏・南中時における地上の太陽光エネルギー密度を図12-11に示す。直射光のエネルギー密度d、および散乱光を含む全エネルギー密度gの2つのラインを示している。短波長側の差が大きいのは、短波長の光ほど散乱されやすいためであり、空が青く見えるのもこの理由による。大づかみに見れば

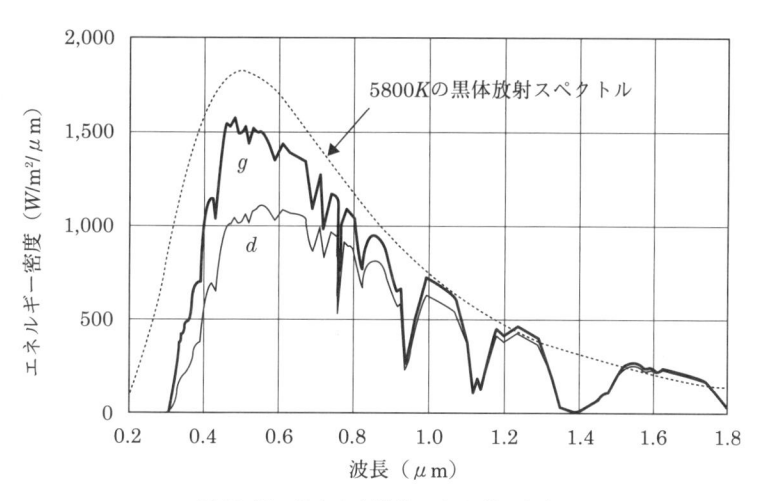

図 12-11　地上の太陽光エネルギー密度

黒体放射のスペクトルに似るが、様々な波長域にディップが見られる。これは大気による吸収であり、0.76μm あたりのディップは酸素の吸収、0.72、0.82、0.96μm 付近は水の吸収、また 0.60μm 付近、0.30μm 以下はオゾンの吸収である。散乱光を含む太陽光の地上でのエネルギーは 1kW/m² である。これから太陽電池の変換効率は J_{sc} の単位を mA/cm² に選んで、

$$Eff = J_{sc} \cdot V_{oc} \cdot FF \quad (\%) \tag{12.15}$$

と表される。

J_{sc} は太陽光の単位時間当たりに到達する光子数によって決まる。光子がすべて電子－ホール対に変わり、すべて電極に集められるとすると、Si が吸収する波長 1.2μm 以下の光は約 46mA/cm² に相当する。V_{oc} は p-n 接合に J_{sc} だけ電流を流す電圧であり、これは材料のバンドギャップで決まる。通常 $V_{oc} \simeq E_g/2$ であり、結晶 Si の場合は約 0.6V である。太陽電池の効率はこの V_{oc} に大きく支配されている。高いエネルギーを持った光子（短波長の光）が吸収され高エネルギーのキャリヤが生成されても、これらは素早く緩和されバンド端に落ちるため出力電圧にはまったく反映されない。すなわち、バンド端のエネルギーを持った光子と同じだけの寄与しかせず、高エネルギー光子の持っていたエネルギー余剰分は内部で熱として消費されてしまう。V_{oc} を上げようとバンドギャップの広い材料を選ぶと、今度は吸収するスペクトル領域が狭まり J_{sc} が落ちてしまう。このためバンドギャップには最適値がある。

通常、太陽電池材料には Si が使われる。結晶 Si は間接遷移型の半導体であり吸収係数は小さいが、太陽光スペクトルの多くをカバーするバンドギャップを持ち、何よりも安価、無公害、地球上に大量にある材料であることがその理由である。結晶 Si 太陽電池には、単結晶を用いるものと、多結晶を用いるものがある。多結晶（multi-crystalline）Si 太陽電池とは主にコスト削減のためにキャスト（cast；鋳造）法で作られる結晶を利用するもので、数 mm から数 cm 径の細かな単結晶の寄せ集まった結晶である。したがって、電流－電圧特性には単結晶を使ったものと質的な差はない。結晶品質を反映してわずかに効率が落ちるのみである。市販の結晶 Si 太陽電池の効率は 13～17% で、単結晶のほうが多結晶より数 % 程高い。

アモルファスSi太陽電池というものもある。結晶ではなく、ガラスと同じような非晶質（アモルファス）のSiを受光層とするものである。アモルファスSiは結晶Siと異なり直接遷移型の半導体である。入射光をすべて吸収するのに、結晶Siで100μm程度を必要とする厚さが、直接遷移型のアモルファスSiでは1μm程度の薄膜でよい。このため、資源を無駄にしない、理想的な太陽電池といわれたが、これまでのところ効率が結晶Si太陽電池におよばない。市販品のアモルファスSi太陽電池の効率は7～8%で結晶SiのおよそΖ半分である。アモルファスSi中のキャリヤ寿命は非常に短いので通常のp-n接合ではp層、n層で発生するキャリヤは拡散で接合まで達しない。このため、p-i-n構造とし、i層を受光層に使っている。

人工衛星などに積む宇宙用太陽電池には、単結晶SiのほかにGaAsなども使われる。1つの接合で太陽放射のスペクトルを一番効率よく利用するにはバンドギャップは1.5eVほどがよい。GaAsやInP等のⅢ-Ⅴ族半導体はSiよりこれに近い。また太陽エネルギーをスペクトル分割して損失を最小に留める工夫もされている。E_gの異なる複数の半導体でp-n接合をいくつも形成しそれぞれにスペクトル領域を分担させた、タンデム型太陽電池である。これにより効率が30%を超えるような太陽電池も実現されている。資源的に乏しいGaAsを用いたり、複雑な構造を形成したりすれば当然製造コストが跳ね上がる。地上の電力用途には不向きだが、ロケットで打ち上げるため1gでも軽くしたい宇宙用にはこれらの最高効率の太陽電池が結局最大のコストパフォーマンスを与えることになる。

人類の経済活動が活発になり多くのエネルギーを消費するようになるに従い、石炭や石油を燃やして出る炭酸ガスの発生量が飛躍的に増え、温室効果によって地球を温暖化していると指摘されている。1990年世界中で人類が発生させたCO_2の総量は炭素換算して63.5億トンといわれる。地球温暖化防止国際会議はこの1990年の値をもとに各国の炭酸ガス放出量の削減目標を決めている。石油火力発電所は1kWHの発電をするのに平均して炭素196g相当の炭酸ガスを出すという。太陽電池は動作時にはまったく炭酸ガスを出さないが、製造過程でエネルギーを消費することを考え、寿命20年を仮定すると、

1kWH 当たり 13g の炭素換算炭酸ガスを放出する勘定になる。火力発電所の10分の1以下であり、発電を太陽電池に切り替えれば大幅な炭酸ガス放出量の削減が実現できる。地表に降り注ぐ太陽のエネルギーは電力換算して年間約 $1.6 \cdot 10^{18}$ kWH である。一方世界のエネルギー消費量はおよそ $1 \cdot 10^{14}$ kWH/年である。太陽電池の年間発電量は 1kWH/Wp/年である。効率12%として単位面積当たりになおすと 120kWH/m^2 年となり、世界のエネルギー消費をすべて太陽電池でまかなうには 80万km^2 に太陽電池を並べればよいことになる。これは日本の面積の2倍強である。さらには、化石燃料はいつかは底をつく。このままのペースで化石燃料を消費し続けたら、石油50年、石炭100年で枯渇するとの試算もある。このときに頼れる巨大エネルギーはやはり太陽しかない。この時代を見据えて、発電を太陽電池で行い、エネルギー保存や自動車のエネルギー源として、水を電気分解してできる水素を用いる新しいエネルギーサイクルの研究も世界各地で始まっている。

演習問題

1. 遮断周波数が CR 時定数で決まるとき、$C=10pF$、$R=50\Omega$ のフォトダイオードの遮断周波数を求めよ。
2. 面積が 100cm^2 で、$I_{sc}=3A$、$V_{oc}=0.6V$、$FF=0.8$ の太陽電池がある。この太陽電池の効率はいくらか。
3. 地球に降り注ぐ太陽光のエネルギーは 1kW/m^2 である。仮にこの光がすべて波長 $0.5\mu m$ の緑色の光だったとすると、これを 100cm^2 の太陽電池で受けると何 A の電流が得られるか。ただし、入射した光子はすべて電子-ホール対に変わり、電流として取り出されるものとする。

第13章

半導体デバイスの製造技術

1. 半導体デバイスのできるまで

　半導体デバイス製造の大まかな流れを図13-1に示す。まず掘り出した原料の精製を行う。Siでいえばポリ Si（poly Si）の製造である。次に、これを用いて結晶を成長する。できた結晶を切り出して薄い板状の基板（ウエハ；wafer）を作る。ここまでは原料、材料屋の仕事である。いわゆる半導体メーカは通常このウエハを購入し、この上にデバイスや回路を焼き付けていくウエハプロセス（wafer process）、およびこれをチップに切り分けパッケージ（package）に封入するアセンブリ（assembly）を行っている。実際に半導体デバイスを形成するという意味では製造の主役はウエハプロセスである。しかし、デバイスの性能を遺憾なく発揮させるには前後の工程も負けず劣らず重要

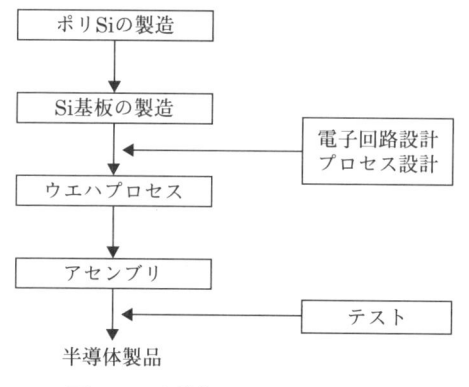

図13-1　半導体デバイス製造の流れ

である。たとえば、凹凸の大きな基板には微細な回路を描くことすらできない。製造の流れの外には電子回路の設計、およびこれを半導体上で実現するためのプロセス設計が必要になる。さらに、できたチップの性能を検査するテストも重要な製造技術である。1チップ上に何億個もあるトランジスタすべての良否を判定しなくてはならず、大変な作業であることは容易に想像がつく。このように半導体デバイスができあがるまでには、物理、化学、電子工学、冶金、機械加工等々の様々な分野の様々な技術が結集しているわけである。

2. 基板の製造

地球上で酸素に次いで2番目に多い元素といわれるSiはどこの石にも多かれ少なかれ含まれているが、組成比の高い珪石（SiO_2）がSi原料として用いられる。これを炭素で還元してまず金属Siを得る。これにはFeやAlなどの金属が多量に含まれている。半導体として使用するにはこれらの不純物は、意図して添加する不純物（ドーピング）より十分に少なくなくてはならないことは明らかである。最低でもイレブンナインといわれる純度が要求される。すなわち99.999999999%と9が11個並ぶ純度である。不純物比率は$1・10^{-9}$であるから$5・10^{22}/cm^3$のSi原子に対して不純物原子の数は$5・10^{13}/cm^3$ということになる。この純度を得るにはまず金属Siを塩酸に溶かし、蒸留することによってシランなど図13-2に示すようないくつかのガス状の物質を得る。この段階で十分な純度が確保される。これらのガスのうち、通常上の3種のガスを高温で分解（還元）して多結晶Si（ポリシリコン）を得る。

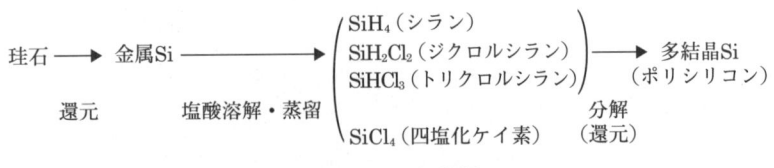

珪石 ⟶ 金属Si ⟶ $\begin{pmatrix} SiH_4（シラン）\\ SiH_2Cl_2（ジクロルシラン）\\ SiHCl_3（トリクロルシラン）\\ SiCl_4（四塩化ケイ素） \end{pmatrix}$ ⟶ 多結晶Si（ポリシリコン）

還元　　　塩酸溶解・蒸留　　　　　　　　　　　　　　　　　　分解（還元）

図 13-2　Siの精製

次にポリSiを溶融し、ゆっくりと冷やしていくことによって結晶を成長する。Siの融点は1420℃である。代表的な結晶成長法は引き上げ法、別名チョクラルスキー（Czochralski；CZ）法である。SiO_2などでできた坩堝にポリSiを入れ、高温にして溶かす。種結晶と呼ぶ方位の定まった結晶片を溶融したSiに接触させ、徐々に引き上げていくと同じ方位の単結晶が

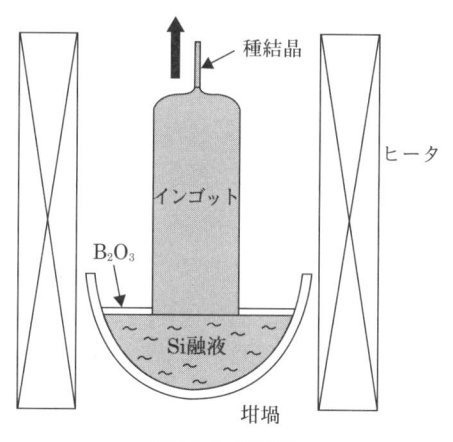

図13-3　LEC法

種結晶の下に成長していく。融液が空気に触れないようB_2O_3などの液体で表面を覆う改良法が一般に用いられるためLEC（liquid encapsulated Czochralski）法とも呼ばれる。別の成長法にフローティングゾーン（floating zone；FZ）法がある。上にポリSi原料棒を、下に種結晶を保持し高周波コイルで一部分のみ加熱溶融させる。コイルを下から上に移動させ順次ポリSiを再結晶化していく。坩堝を使わないので不純物汚染の少ない高抵抗結晶を得ることができる。融液は表面張力によって保持されるため、あまり大きな口径にすることは難しい。FZ法による結晶は高耐圧デバイス用などとして用いられる。GaAsなどのⅢ-Ⅴ属半導体結晶では水平ブリッジマン（horizontal Bridgman；HB）法も用いられる。一般にⅤ族の元素はⅢ族に比べて蒸気圧が高く、結晶から抜け出しやすい。これを防ぐため、密閉容器内で溶融、再結晶化を行うものである。LEC法に比べ欠陥密度が低くなり、非発光再結合を嫌う発光デバイス用基板に適している。

　できあがった棒状の結晶をインゴット（ingot）という。LEC法で得られるSiインゴットは直径300mm以上、長さは1〜2mの巨大な棒である。これをX線回折により面方位を確定して輪切りにする。これをスライス（slice）という。スライスは内刃のダイヤモンドカッター、あるいは現在では多くワイヤーソーを用いて行われる。こうして直径300mm、厚さ0.8mm程度の円盤状の

形ができあがる。最後に CMP（chemical mechanical polish）と呼ぶ研磨法により表面を鏡のように平坦にして Si ウエハが得られる。

3. ウエハプロセス

　トランジスタやそのほかの回路部品を実際にウエハ上に形成するウエハプロセスは多くの技術の組み合わせでできている。個別プロセス技術の説明の前に全体の流れをトランジスタを例にとって示そう。図 13-4 は n-p-n 型 Si トランジスタの製造の流れ図（フローチャート）を示したものである。まず所望のドーピングがされた n 型基板を準備する。これを空気中で加熱することにより表面を酸化し、薄い SiO_2 膜を形成する。次に写真製版（フォトリソグラフィー；photolithography）という一連の工程によりパターンを焼き付ける。すなわちこの写真製版の最終工程であるエッチング（etching）により酸化膜の一部が取り去られる。この状態で高温のボロンガス下に置くとボロンは酸化膜の開口部を通して Si 基板中に拡散していく。すなわち半導体表面の一部が n 型から p 型に変換され、ここに p-n 接合が形成される。高温下に曝されたため表面開口部は再び酸化膜によって覆われる。再び写真製版を行い開口部を設け、リンの拡散を行うと、p 層は再び反転して n 層となりここにトランジスタの基本部分である n-p-n 構造が完成する。次にこれら各領域に電極を設ける。表面の電極が接するべき位置に再度写真製版によって酸化膜に穴を開ける。この上から全面に電極金属を付着させる。もう一度写真製版を行い電極の不要部分を取り去る。最後に裏面にも電極金属を付着させ、金属と半導体の電気的接触を良好にするためシンター（焼成）を行いプロセスが完了する。このようにウエハプロセスとは写真製版を繰り返し行って、半導体内部に、あるいはその表面に設けた絶縁膜や金属膜に、種々の領域パターンを形成していく工程である。ここでは 18 工程となっているが、複雑な LSI では容易に 100 を超える工程となる。またパターンの寸法もきわめて小さいものであり、現在では最小線幅は $0.1\mu m$ を切っており光学顕微鏡でも見ることができない。

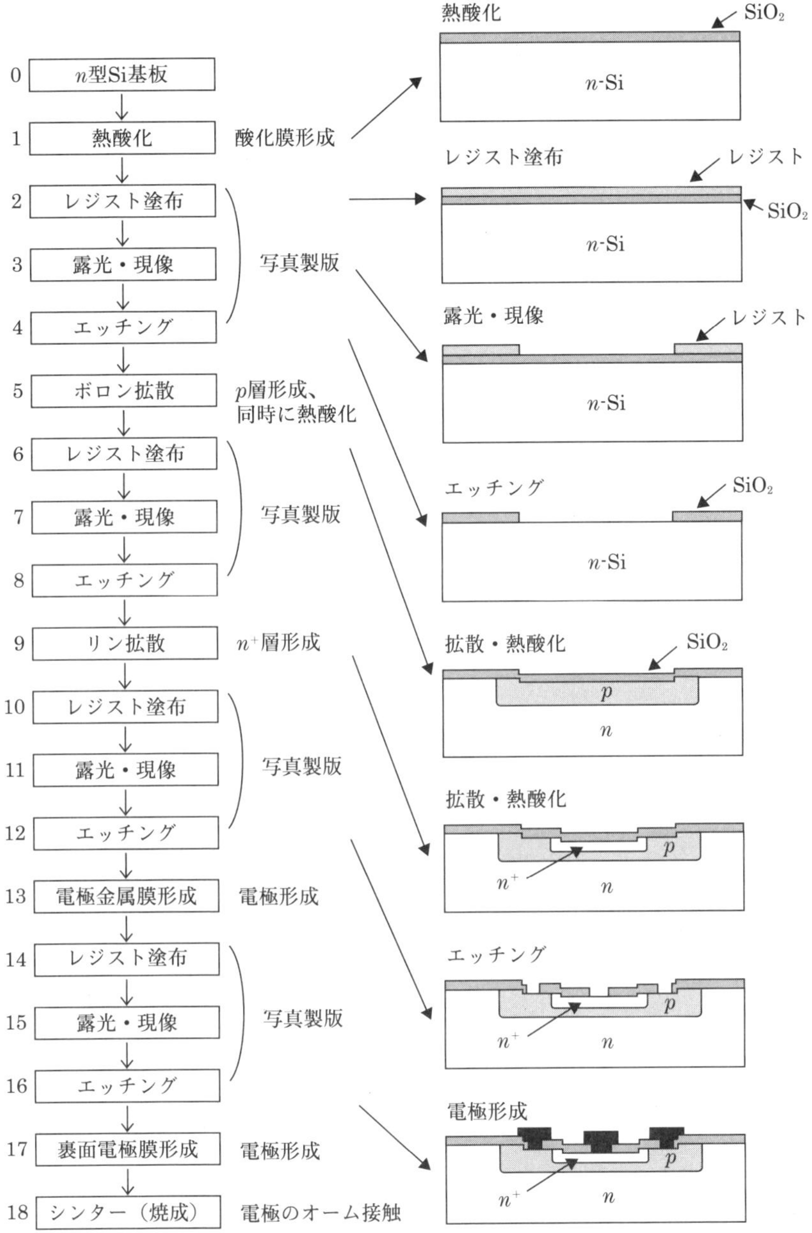
0 n型Si基板
1 熱酸化
酸化膜形成
2 レジスト塗布
3 露光・現像
4 エッチング
写真製版
5 ボロン拡散
p層形成、同時に熱酸化
6 レジスト塗布
7 露光・現像
8 エッチング
写真製版
9 リン拡散
n⁺層形成
10 レジスト塗布
11 露光・現像
12 エッチング
写真製版
13 電極金属膜形成
電極形成
14 レジスト塗布
15 露光・現像
16 エッチング
写真製版
17 裏面電極膜形成
電極形成
18 シンター（焼成）
電極のオーム接触
熱酸化
SiO2
n-Si
レジスト塗布
レジスト
SiO2
n-Si
露光・現像
レジスト
n-Si
エッチング
SiO2
n-Si
拡散・熱酸化
SiO2
p
n
拡散・熱酸化
p
n+
n
エッチング
p
n+
n
電極形成
p
n+
n

図 13-4　***n-p-n*** トランジスタのプロセスフロー図

個別のプロセス技術をもう少し詳しく見てみよう。まず、プロセスには種々の薄膜を使用するが、中には半導体自体の薄膜が必要な場合がある。半導体基板の上に結晶成長を行うわけである。基板結晶も十分良質ではあるが、デバイスの特性上さらなる低欠陥の結晶が必要な場合や、ヘテロ接合のように異なる組成の半導体結晶が必要な場合である。基板の上に単に半導体材料が降り積もるようなものではなく、また多結晶の様にてんでバラバラの方向の結晶が寄せ集まったものでもない、基板と完全に結晶軸を同じくした結晶を成長することをエピタキシャル（epitaxial）成長という。エピタキシャル成長の方法には大きく3種類がある。まず、液相成長という、液体から結晶を析出させる方法がある。たとえば、高温に保ったGaにGaAs（またはAs）を飽和するまで溶かし、温度を降下させると接触した基板にGaAsが析出する。組成の異なる複数の溶液を次々と基板に接触させることによってダブルヘテロ構造を作ることができる。初期の半導体レーザはこの方法で作られた。次に気相から結晶を析出させる気相成長（vapor phase epitaxy；VPE）法がある。たとえば

$$SiCl_4 + 2H_2 \rightleftarrows Si + 4HCl \tag{13.1}$$

$$SiH_4 \rightleftarrows Si + 2H_2 \tag{13.2}$$

などの反応によって固相のSiを得る。原料ガスに有機金属を用いるMOCVD（metal organic chemical vapor deposition）法も気相成長の1つである。トリメチルガリウムを用いて

$$Ga(CH_3)_3 + AsH_3 \rightleftarrows GaAs + 3CH_4 \tag{13.3}$$

の反応でGaAs結晶を得る。現在の光デバイス製造には多くこの方法が用いられている。3つ目は分子線エピタキシー（molecular beam epitaxy；MBE）と呼ばれる方法である。超高真空（～10^{-11} Torr）中で半導体構成元素の分子（原子）をビーム状にして基板に向け蒸発させる。基板上に飛来した原子はポテンシャルエネルギーの低いダングリングボンド上に納まり、相手を見つけられなかった原子は再び基板から飛び去ってしまう。たとえばGa面が出ているGaAs（111）面にはAs原子が飛来すればGaダングリングボンドと結合して結晶格子位置に収まるが、Ga原子が飛来しても結晶に取り込まれることなく飛び去ることになる。GaとAsを交互に飛ばし、その量と時間を適切に制御すれ

ば原子面1層ずつの成長も可能であり、これをALE（atomic layer epitaxy）という。

半導体プロセスの中で絶縁膜（誘電体膜）の果たす役割は大きい。単に電気を絶縁するだけに止まらず、半導体表面の安定化、保護、あるいはエッチングや拡散等のマスク、光の反射防止膜など様々な機能を果たしている。絶縁膜には SiO_2、Si_3N_4、リンガラスなどが一般的に用いられるが、Siは自身が酸化されて良質の絶縁膜を作るという際だった特長を持っている。GaAsなどは酸化しても良質な酸化膜は得られない。気相成長（CVD；chemical vapor deposition）

$$3SiH_4 + 4NH_3 \rightleftarrows Si_3N_4 + 12H_2 \tag{13.4}$$

や、プラズマCVD（plasma enhanced chemical vapor deposition；PECVD）で膜を作る必要がある。後者はプラズマエネルギーで反応が加速されるので、成膜温度を300℃程度まで下げることができる。これは融点の低いガラス基板を使用するTFTに用いられている。ほかにもスパッタ（sputter）法や蒸着法などあるが、絶縁膜としてあまり上質なものは得られない。

電極金属にはAl、Ag、Au、ポリSi、WSiなどが用いられる。電気的、機械的に半導体と良好なコンタクトを得ることが重要である。付着力の強いPt、Ni、Crなどと複合化して用いられることもある。これらの形成には蒸着、スパッタ、CVDなどが用いられる。また、配線の低抵抗化のためメッキで厚さを厚くするなども必要に応じて行われる。

不純物のドーピング法には、まず、合金法がある。Si表面にAlを載せて温度を上げると、Alが溶け表面Siが溶解する。温度を下げていくと、Al-Si融液からAlを多く含むSiが析出し、Si基板上にエピタキシャル成長する。その上にAl金属層が固化しこれがそのまま電極となる。合金法は初期のトランジスタやダイオードに多く用いられた。次に用いられたのが拡散法である。P_2O_5、$POCl_3$などからPを蒸発させ、N_2などのキャリヤガスで高温に保った基板に送り込む。表面から固相拡散で結晶内部に入りこむ。キャリヤの拡散と同様に

$$\frac{\partial C}{\partial t} = D\frac{\partial^2 C}{\partial x^2} \tag{13.5}$$

に従う。ここに C は P の濃度である。表面の濃度 C_s が一定の条件で解くと

$$C(x) = C_s \cdot \text{erfc}\left(\frac{x}{2\sqrt{Dt}}\right) \tag{13.6}$$

の分布が得られる。ここに

$$\text{erfc}(x) = \frac{2}{\sqrt{\pi}} \int_x^\infty \exp(-p^2) dp \tag{13.7}$$

は誤差関数である。現在の主役はイオン注入法である。BF_3、AsH_3 などのガスを電離して、30〜200keV で加速しウエハに打ち込む。量と深さはドーズ量と加速エネルギーにより正確に制御される。拡散に比べて横方向への広がりが少ないので、マスクパターンを正確に反映する必要のある微細加工には不可欠な技術である。高エネルギーで打ち込むため格子欠陥を生じることがあるが、これはアニールにより回復させることができる。

エッチングには化学エッチングとプラズマエッチングがある。化学エッチングには HF、HCl、H_2SO_4、HNO_3 などの酸や KOH、NaOH などのアルカリが使われる。エッチングしたいものをエッチングし、マスクは溶かさない化学薬品が選ばれる。プラズマエッチングはプラズマ状のガスを使用してエッチングを行うもので、たとえば、Si のエッチングには

$$Si + CF_4 + O_2 \rightleftarrows SiF_4 + CO_2 \tag{13.8}$$

の反応を利用する。化学エッチングのように水を使わないのでドライプロセスと呼ばれる。

写真製版はちょうどネガからポジ写真を焼くように、マスクを通して光を当てウエハ上に塗布されたフォトレジストを感光させてパターンを描くものである。フォトレジストは感光性の有機高分子膜で、ポジ型とネガ型があるのは写真と同じである。ネガ型は感光して硬化し、現像で残る。一方、ポジ型は感光すると現像で溶ける。写真の場合印画紙に焼くときには拡大する光学系が使われるが、微細パターンを描く半導体では逆に縮小光学系が用いられる。通常10倍程度のマスクが用いられるが、これでも $1\mu m$ 以下のパターを描くのはなかなか難しい。通常光学系で絞り込める最小の線幅、すなわち解像度は

$$\text{解像度} \sim 0.5\lambda / \text{NA} \tag{13.9}$$

ここに

$$NA = \sin\theta \tag{13.10}$$

はレンズの開口率である。明るいレンズでも NA ～ 0.5 程度であるので解像度はほぼ光の波長程度になる。このためできるだけ短い波長の光で露光する必要があり、従来から水銀ランプの g 線（0.436μm）、i 線（0.365μm）などが用いられてきたが、現在は KrF（0.248μm）、ArF（0.193μm）などのエキシマーレーザ（excimer laser）が光源として使われている。とりわけ細いパターンを一部のみに描く必要があるときにはさらに短い波長の電子ビーム露光が使われるが、描画に時間がかかり一般的ではない。さらなる細線化のためにX線露光も研究されている。DRAM のビット数と線幅の推移を図 13-5 に示す。

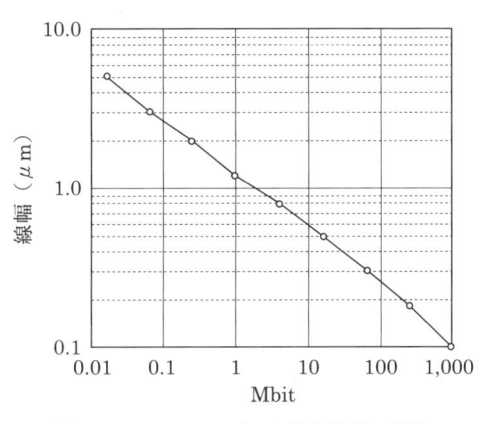

図 13-5　DRAMのビット数と線幅の推移

4. アセンブリ

1枚のウエハには LSI チップが通常数十個形成される。これらをテストし不良品にマークを打った後、ダイサーでチップに切り分ける。リードフレーム（lead frame）という穴の開いた金属板に半田付けや接着剤でチップを貼り付け、さらにチップとリードの間をワイヤで結ぶ。これをワイヤボンディング（wire bonding）という。これには熱圧着という手法が用いられる。細い Au 線をチップ上の Al ボンディングパッドや Sn メッキされたリードに加熱して押しつけるものである。最後に樹脂封じをしてフレームから切りとると見慣れた毛虫型の LSI が完成する。図 13-6 に断面構造を示す。外装には様々な形のものがある。気密性を高めるためセラミックのパッケージに入れるものや、リー

ド線がなく、半田付けのための半田ボールがついているだけのBGA（ball grid array）と呼ばれる外装もある。CPUなどの消費電力が大きく温度の上がりやすいものは直接ヒートシンクを装着できるようパッケージ上部を金属にするなどの工夫もなされる。

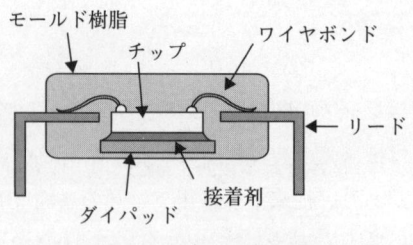

図 13-6　外装の断面構造図

付録 1

量子力学

(1) シュレーディンガーの方程式

一次元の自由電子の波動関数を

$$\Psi = A \cdot \exp(ikx - i\omega t) \tag{付 1.1}$$

と書くと、$E=\hbar\omega$、$p=\hbar k$ から

$$\frac{\partial \Psi}{\partial t} = -i\omega \Psi = \frac{E}{i\hbar} \Psi \tag{付 1.2}$$

$$\frac{\partial^2 \Psi}{\partial^2 x} = -k^2 \Psi = -\left(\frac{p}{\hbar}\right)^2 \Psi \tag{付 1.3}$$

である。古典力学で

$$E = \frac{p^2}{2m} + U \tag{付 1.4}$$

の関係があるから

$$i\hbar \frac{\partial \Psi}{\partial t} = -\frac{\hbar^2}{2m} \frac{\partial^2 \Psi}{\partial x^2} + U\Psi \tag{付 1.5}$$

の関係が導かれる。三次元に拡張すると

$$i\hbar \frac{\partial \Psi}{\partial t} = -\frac{\hbar^2}{2m} \left(\frac{\partial^2 \Psi}{\partial x^2} + \frac{\partial^2 \Psi}{\partial y^2} + \frac{\partial^2 \Psi}{\partial z^2} \right) + U(\boldsymbol{r})\Psi \tag{付 1.6}$$

となり、これを時間を含むシュレーディンガーの方程式という。定常状態では解を時間を含む項と距離 r を含む項の積として表し、

$$\Psi = f(t) \cdot \phi(\boldsymbol{r}) \tag{付 1.7}$$

と書き（付 1.6）式に代入し、かつ両辺を Ψ で割ると、

$$\frac{i\hbar}{f(t)} \frac{\partial f(t)}{\partial t} = \frac{1}{\phi} \left(-\frac{\hbar^2}{2m} \left(\frac{\partial^2 \phi}{\partial x^2} + \frac{\partial^2 \phi}{\partial y^2} + \frac{\partial^2 \phi}{\partial z^2} \right) + U(\boldsymbol{r})\phi \right) \tag{付 1.8}$$

となる。左辺は t のみ、右辺は r のみの関数であるから、これらはある分離定数に等しくなくてはならない。分離定数を E とおくと、左辺は

$$i\hbar\frac{\partial}{\partial t}f(t)=E\cdot f(t) \qquad (付 1.9)$$

これは簡単に積分できて、

$$f(t)=C\cdot\exp\left(\frac{E}{i\hbar}t\right) \qquad (付 1.10)$$

となる。一方、右辺は

$$-\frac{\hbar^2}{2m}\left(\frac{\partial^2\phi}{\partial x^2}+\frac{\partial^2\phi}{\partial y^2}+\frac{\partial^2\phi}{\partial z^2}\right)+U(\boldsymbol{r})\phi=E\phi \qquad (付 1.11)$$

となる。これが時間を含まないシュレーディンガーの方程式である。

解の Ψ は粒子がそこに存在しそうな程度を表しているとみなせるが、これは一般に複素量である。ある時刻、ある位置に見いだす確率は正であるから

$$|\Psi|^2=\Psi^*\Psi \qquad (付 1.12)$$

をとって、これを粒子を見いだす確率とする。ここに * は複素共役を示す。またある時刻に全空間内で見いだす確率の和は 1 であるから

$$\int|\Psi(\boldsymbol{r},t)|^2 d\boldsymbol{r}=1 \qquad (付 1.13)$$

となるように解に適当な定数をかける。これを規格化という。

(2) 演算子と固有値

時間分離に使用した方程式（付 1.9）のような形の方程式を固有値方程式 (eigenvalue equation) という。すなわち波動関数 Ψ に演算子 (operator)

$$\bar{E}=i\hbar\frac{\partial}{\partial t} \qquad (付 1.14)$$

を作用させると、波動関数の固有値（E）倍になるというものである。分離した右辺の（付 1.11）式も同様に固有値方程式になっている。このときの演算子

$$\bar{H}=-\frac{\hbar^2}{2m}\left(\frac{\partial^2}{\partial x^2}+\frac{\partial^2}{\partial y^2}+\frac{\partial^2}{\partial z^2}\right)+U(\boldsymbol{r}) \qquad (付 1.15)$$

はハミルトニアン（Hamiltonian）と呼ばれ、エネルギー固有値を扱う多くの

問題で特に重要である。また、運動量に対する方程式

$$-i\hbar\frac{\partial}{\partial q}\phi = p_q\phi \quad ; \quad q = x, y, z \tag{付 1.16}$$

も固有値方程式である。運動量の演算子は

$$\overline{p_x} = -i\hbar\frac{\partial}{\partial x} \tag{付 1.17}$$

などとなる。位置の演算子も

$$\overline{q}\phi = q\phi \quad ; \quad q = x, y, z \tag{付 1.18}$$

で定義される。このように量子力学ではエネルギーや運動量などの物理量が演算子に対応している。あるいは、これらの物理量は古典力学が前提としているようにいつも存在するものではなく、これらの演算子を作用させて初めて測定される量であり、物理量が演算子で表されるとも考えることができる。

2つの演算子 $\overline{A}$、$\overline{B}$ に対して交換子（commutator）を、

$$[\overline{A}, \overline{B}] = \overline{A}\overline{B} - \overline{B}\overline{A} \tag{付 1.19}$$

と定義し、この関係を交換関係という。交換子が0となるとき、すなわち演算の順序が変わっても結果が同じとなる2つの演算子を可換であるという。たとえば

$$[\overline{E}, \overline{p_x}] = -\hbar^2\left(\frac{\partial}{\partial t}\frac{\partial}{\partial x} - \frac{\partial}{\partial x}\frac{\partial}{\partial t}\right) = 0 \tag{付 1.20}$$

となり $\overline{E}$ と $\overline{p_x}$ は可換である。一般には交換子は0にはならず、代表的なものとして、

$$[\overline{x}, \overline{p_x}] = -i\hbar\left(x\frac{\partial}{\partial x} - \frac{\partial}{\partial x}x\right) = i\hbar \tag{付 1.21}$$

$$[\overline{E}, \overline{t}] = i\hbar\left(\frac{\partial}{\partial t}t - t\frac{\partial}{\partial t}\right) = i\hbar \tag{付 1.22}$$

がある。これらの演算子は非可換であり、測定される物理量は測定の順序で結果が異なることを意味する。

ある演算子 $\overline{A}$ が

$$\overline{A}\phi = a\phi \tag{付 1.23}$$

なる固有値方程式を満たし、波動関数 ϕ および ϕ に対して

$$\int \phi^* \overline{A} \phi d\boldsymbol{r} = \int (\overline{A}^* \phi^*) \phi d\boldsymbol{r} = \int (\overline{A}\phi)^* \phi d\boldsymbol{r} \qquad (付1.24)$$

の関係を満たすとき、この演算子をエルミート（Hermite）型演算子という。物理量に対応する演算子はすべてエルミート型であり、エルミート型演算子の固有値は実数になることが証明される。Aの異なる固有値a_m、a_nに対応する固有関数をu_m、u_nとすると

$$\overline{A} u_m = a_m u_m \qquad (付1.25)$$
$$\overline{A} u_n = a_n u_n \qquad (付1.26)$$

である。

$$\int u_m^* \overline{A} u_n d\boldsymbol{r} = a_n \int u_m^* u_n d\boldsymbol{r} \qquad (付1.27)$$
$$\int \overline{A}^* u_m^* u_n d\boldsymbol{r} = a_m^* \int u_m^* u_n d\boldsymbol{r} \qquad (付1.28)$$

となるから、引き算するとエルミート演算子の性質から

$$(a_n - a_m) \int u_m^* u_n d\boldsymbol{r} = 0 \qquad (付1.29)$$

となる。固有値は異なるとしたので（　）の中は0ではない。したがって

$$\int u_m^* u_n d\boldsymbol{r} = 0 \qquad (付1.30)$$

が得られ、エルミート演算子の固有関数は直交することがわかる。

波動関数は一般に

$$\phi = \sum_{n=0}^{\infty} c_n u_n \qquad (付1.31)$$

のように、固有関数で展開される。これを混合状態という。これに対して、1つの固有関数で表される状態を純粋状態という。混合状態でも物理量Aを測定すると1回の測定で得られるのはどれかの固有値a_nである。多数回測定して得られる平均値を期待値という。期待値は

$$\langle A \rangle = \int \phi^* \overline{A} \phi d\boldsymbol{r} = \langle \phi | \overline{A} | \phi \rangle \qquad (付1.32)$$

で与えられる。ここに最後の表記は付録2で詳述するディラックによる簡潔な表記法である。この式が期待値を与えるのは

$$\langle A \rangle = \int \sum_m c_m u_m^* \overline{A} \left(\sum_n c_n u_n \right) d\boldsymbol{r}$$

$$= \sum_{n,m} c_m^* c_n a_n \int u_m^* u_n d\boldsymbol{r} = \sum_n a_n |c_n|^2 \tag{付 1.33}$$

となるからである。

(3) 摂動法

シュレーディンガーの方程式（付 1.11）は $U(\boldsymbol{r})$ の形により、一般には解けるとは限らない。似た形で解ける問題を探し、これに補正項を加えて近似解を求める手法が摂動法（perturbation）である。ハミルトニアンをわかっているもの $\overline{H_0}$ と小さな摂動項 $\overline{H_1}$ の和として

$$(\overline{H_0} + \overline{H_1})\phi = E\phi \tag{付 1.34}$$

の固有値方程式を解くわけである。

$\overline{H_1}$ が小さいことを利用して λ のべき乗で展開することを考える。$0 < \lambda < 1$ として固有値方程式を

$$(\overline{H_0} + \lambda \overline{H_1})\phi = E\phi \tag{付 1.35}$$

と置き、同じ λ の次数を比較することによって1次の近似項、2次の近似項などを求めていく。すなわち、波動関数 ϕ_n、エネルギー固有値 E_n を

$$\phi_n = \phi_n^{(0)} + \lambda \phi_n^{(1)} + \lambda^2 \phi_n^{(2)} + \cdots \tag{付 1.36}$$

$$E_n = E_n^{(0)} + \lambda E_n^{(1)} + \lambda^2 E_n^{(2)} + \cdots \tag{付 1.37}$$

と書いて、ここで $\phi_n^{(0)}$、$E_n^{(0)}$ はわかっている非摂動の波動関数およびエネルギー固有値である。λ は最後に 1 に戻す。（付 1.36）、（付 1.37）を（付 1.35）に代入して

$$(\overline{H_0} + \lambda \overline{H_1})(\phi_n^{(0)} + \lambda \phi_n^{(1)} + \lambda^2 \phi_n^{(2)} + \cdots) =$$
$$(E_n^{(0)} + \lambda E_n^{(1)} + \lambda^2 E_n^{(2)} + \cdots)(\phi_n^{(0)} + \lambda \phi_n^{(1)} + \lambda^2 \phi_n^{(2)} + \cdots) \tag{付 1.38}$$

を得る。λ の同じ次数を比較すると、0、1、2次
でそれぞれ

$$\overline{H_0} \phi_n^{(0)} = E_n^{(0)} \phi_n^{(0)} \tag{付 1.39}$$

$$\overline{H_0} \phi_n^{(1)} + \overline{H_1} \phi_n^{(0)} = E_n^{(0)} \phi_n^{(1)} + E_n^{(1)} \phi_n^{(0)} \tag{付 1.40}$$

$$\overline{H}_0\phi_n^{(2)}+\overline{H}_1\phi_n^{(1)}=E_n^{(0)}\phi_n^{(2)}+E_n^{(1)}\phi_n^{(1)}+E_n^{(2)}\phi_n^{(0)} \tag{付 1.41}$$

の式が得られる。0次の式は無摂動の式となる。1次の波動関数を無摂動の波動関数で展開する。

$$\phi_n^{(1)}=\sum_m a_m \cdot \phi_m^{(0)} \tag{付 1.42}$$

(付 1.40) 式に代入すると

$$\overline{H}_0\sum a_m \cdot \phi_m^{(0)}+\overline{H}_1\phi_n^{(0)}=E_n^{(0)}\left(\sum a_m \cdot \phi_m^{(0)}\right)+E_n^{(1)}\phi_n^{(0)} \tag{付 1.43}$$

両辺に $\phi_n^{(0)*}$ をかけて全空間にわたり積分すると、波動関数の直交性から

$$a_n\int \phi_n^{(0)*}\overline{H}_0\phi_n^{(0)}d\boldsymbol{r}+\int \phi_n^{(0)}\overline{H}_1\phi_n^{(0)}d\boldsymbol{r}=(a_nE_n^{(0)}+E_n^{(1)})\int \phi_n^{(0)*}\phi_n^{(0)}d\boldsymbol{r} \tag{付 1.44}$$

したがって

$$E_n^{(1)}=\int \phi_n^{(0)*}H_1\phi_n^{(0)}d\boldsymbol{r}=\langle n|\overline{H}_1|n\rangle \tag{付 1.45}$$

が得られる。2次の式から同様な手順に従って

$$E_n^{(2)}=\sum_{m\neq n}\frac{|\langle n|\overline{H}_1|m\rangle|^2}{E_n^{(0)}-E_m^{(0)}} \tag{付 1.46}$$

が得られる。これらは非摂動の固有値からのずれを与える。

電磁波と相互作用して電子がエネルギー準位を移る確率も時間を含む摂動法で計算することができる。時間を含むシュレーディンガー方程式

$$i\hbar\frac{\partial}{\partial t}\Psi=(\overline{H}_0+\overline{H}_1)\Psi \tag{付 1.47}$$

を用い、時刻 t の波動関数を非摂動の固有関数

$$\Psi_n=\phi_n\cdot\exp\left(\frac{E_n}{i\hbar}t\right) \tag{付 1.48}$$

で展開する。すなわち

$$\Psi(t)=\sum_n a_n(t)\cdot\phi_n\cdot\exp\left(\frac{E_n}{i\hbar}t\right) \tag{付 1.49}$$

(付 1.47) 式に代入して両辺に ϕ_m^* をかけ全空間を積分して

$$\frac{\partial a_m}{\partial t}=\frac{1}{i\hbar}\sum_n\langle m|\overline{H}_1|n\rangle a_n(t)\cdot\exp\left(\frac{E_n-E_m}{i\hbar}t\right) \tag{付 1.50}$$

を得る。ここでも $a_n(t)$ を λ のべき乗に展開して同次数を比べることによって

$$\frac{\partial a_m^{(0)}}{\partial t} = 0 \tag{付 1.51}$$

$$\frac{\partial a_m^{(p+1)}}{\partial t} = \frac{1}{i\hbar} \sum_n \langle m|\overline{H_1}|n\rangle a_n^{(p)} \cdot \exp\left(\frac{E_n - E_m}{i\hbar} t\right) \tag{付 1.52}$$

が求まる。(付 1.51)式は 0 次の項が時間的に一定であることを示している。時刻 $t=0$ で $a_n=1$ であったとして時刻 t での状態 m の展開係数 $a_m^{(1)}$ は(付 1.52)式を積分して

$$a_m^{(1)} = \frac{1}{i\hbar} \int_0^t \langle m|\overline{H_1}|n\rangle \cdot \exp(i\omega_{mn} t') dt' \tag{付 1.53}$$

状態 n から m への遷移確率はこの 2 乗で与えられる。ここに

$$\omega_{mn} = (E_m - E_n)/\hbar \tag{付 1.54}$$

である。

相互作用ハミルトニアンが

$$\overline{H_1}(\mathbf{r}, t) = \overline{H}'(\mathbf{r}) \cdot \exp(-i\omega t) \tag{付 1.55}$$

で与えられる特別の場合には積分を実行すると

$$a_m^{(1)} = \frac{1}{i\hbar} \int_0^t \langle m|\overline{H}'|n\rangle \cdot \exp(i(\omega_{mn} - \omega) t') dt'$$

$$= \frac{1}{\hbar} \langle m|\overline{H}'|n\rangle \frac{\exp(i(\omega_{mn} - \omega)t) - 1}{\omega_{mn} - \omega} \tag{付 1.56}$$

したがって遷移確率は

$$|a_m^{(1)}|^2 = \frac{1}{\hbar^2} |\langle m|\overline{H}'|n\rangle|^2 \frac{(\exp(-i(\omega_{mn}-\omega)t-1)(\exp(i(\omega_{mn}-\omega)t-1)}{(\omega_{mn}-\omega)^2}$$

$$= \frac{4}{\hbar^2} |\langle m|\overline{H}'|n\rangle|^2 \frac{\sin^2((\omega_{mn}-\omega)t/2)}{(\omega_{mn}-\omega)^2} \tag{付 1.57}$$

$$\because \sin\theta = (\exp(i\theta) - \exp(-i\theta))/2i$$

$$\sin^2\theta = (1 - \cos 2\theta)/2$$

最後の分数の係数は図付 1-1 に示すような形になる。ω が厳密に ω_{mn} に等しいときにはこの関数は t^2 で増加する。現実には様々な効果で $\Delta\omega$ の幅を持つため、遷移確率は曲線の下の面積に比例するようになり、これは時間 t に比例す

る。エネルギー範囲 dE の間に $\rho(E)$ の状態密度を持つ終状態を考える。このとき単位時間当たりの遷移確率は

$$w_{mn} = \frac{1}{t}\frac{4}{\hbar^2}\int |\langle m|\overline{H'}|n\rangle|^2 \frac{\sin^2((\omega_{mn}-\omega)t/2)}{(\omega_{mn}-\omega)^2}\rho(E)dE$$

$$= \frac{1}{t}\frac{4}{\hbar}\int |\langle m|\overline{H'}|n\rangle|^2 \frac{\sin^2((\omega_{mn}-\omega)t/2)}{(\omega_{mn}-\omega)^2}\rho(\omega)d\omega$$

幅が狭く $|\langle m|\overline{H'}|n\rangle|$、$\rho(\omega)$ が一定とみなせる範囲では積分の外に出て

$$= \frac{2\pi}{\hbar}|\langle m|\overline{H'}|n\rangle|^2 \rho(\omega) \qquad (\text{付}1.58)$$

$$\because \int_{-\infty}^{+\infty}\frac{\sin^2(ax)}{x^2}dx = \pi|a|$$

となる。これをフェルミの黄金則という。

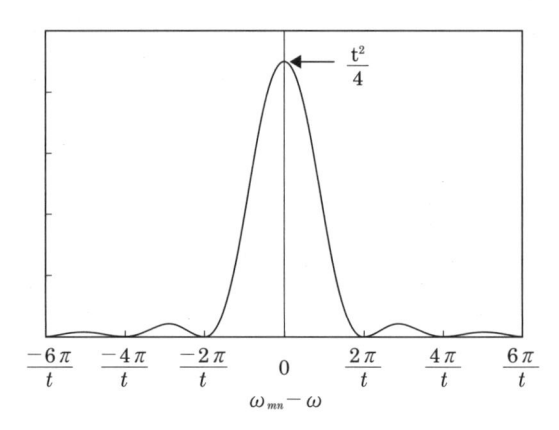

図付 1-1 $\sin^2((\omega_{mn}-\omega)t/2)/(\omega_{mn}-\omega)^2$

付録 2

ディラックのブラ・ケットベクトル

　ディラック（Dirac）は波動関数を状態ベクトルで表記した。三次元空間のベクトルが3つの数で表記されるように、関数を級数展開したときの展開係数の組を要素とするベクトルをイメージする抽象的なものである。三次元ではなく無限次元空間のベクトルとなる。演算子が作用するベクトルを

$$|a\rangle \tag{付2.1}$$

と書いて、ケットベクトル（ket vector）と呼ぶ。ケットベクトルは一般には複素量である。複素ベクトルのスカラ積（内積）をとるためには複素共役量を乗ずる。これを

$$\langle a| \tag{付2.2}$$

と書いて、ブラベクトル（bra vector）と呼ぶ。2つのベクトル $|a\rangle$ と $|b\rangle$ の内積は

$$\langle b|a\rangle \tag{付2.3}$$

であり、これは

$$\langle b|a\rangle = \langle a|b\rangle^* \tag{付2.4}$$

の関係を持つ複素数である。ケットベクトルの左から演算子 $\overline{A}$ を作用させると新しいベクトル $|c\rangle$ ができる。

$$\overline{A}|a\rangle = |c\rangle \tag{付2.5}$$

演算子を右から作用させると

$$\langle a|\overline{A} = \langle d| \tag{付2.6}$$

となる。これは一般に $\langle c|$ とはならない。新しい演算子 $\overline{A^+}$ を

$$\langle a|\overline{A^+} = \langle c| \tag{付2.7}$$

となるように定義する。これは$\bar{A}$の随伴演算子（adjoint operator）と呼ばれる。随伴演算子には

$$\langle b|\bar{A}|a\rangle=\langle b|c\rangle=\langle c|b\rangle^*=\langle a|\bar{A}^+|b\rangle^* \qquad (付2.8)$$

の関係がある。もし

$$\bar{A}^+=\bar{A} \qquad (付2.9)$$

であれば、$\bar{A}$はエルミート演算子である。このとき

$$\langle a|c\rangle=\langle a|\bar{A}|a\rangle \qquad (付2.10)$$

$$\langle c|a\rangle=\langle a|\bar{A}^+|a\rangle=\langle a|\bar{A}|a\rangle \qquad (付2.11)$$

となって、(付2.4)式を適用すると

$$\langle a|\bar{A}|a\rangle=\langle a|\bar{A}|a\rangle^* \qquad (付2.12)$$

が得られる。すなわち$\langle a|\bar{A}|a\rangle$は実数である。

固有値方程式は

$$\bar{A}|a_n\rangle=a_n|a_n\rangle \qquad (付2.13)$$

のように記述される。共役量は、$\bar{A}$のエルミート性とa_nの実数であることを用い

$$\langle a_n|\bar{A}^+=\langle a_n|\bar{A}=a_n^*\langle a_n|=a_n\langle a_n| \qquad (付2.14)$$

となる。この式に別の固有値a_mを持つ固有関数$|a_m\rangle$をかけると

$$\langle a_n|\bar{A}|a_m\rangle=a_n\langle a_n|a_m\rangle \qquad (付2.15)$$

が得られる。また、(付2.13)式のnをmと交換した式に$\langle a_n|$をかけて差し引くと

$$\langle a_n|\bar{A}|a_m\rangle-\langle a_n|\bar{A}|a_m\rangle=0=(a_n-a_m)\langle a_n|a_m\rangle \qquad (付2.16)$$

となり、固有ベクトルの直交性を示す関係

$$\langle a_n|a_m\rangle=0 \qquad (付2.17)$$

が容易に得られる。

任意の状態ベクトル$|\phi\rangle$は固有ベクトルで展開できて

$$|\phi\rangle=\sum_{0}^{\infty}c_n|a_n\rangle \qquad (付2.18)$$

と書ける。展開係数c_nは

$$c_n = \langle a_n | \phi \rangle / \langle a_n | a_n \rangle \tag{付 2.19}$$

で与えられる。$\langle a_n | a_n \rangle = 1$ と規格化すれば

$$c_n = \langle a_n | \phi \rangle \tag{付 2.20}$$

となる。

次の形の演算子 $\bar{I}$ を定義する。

$$\bar{I} = \sum_n |a_n\rangle\langle a_n| \tag{付 2.21}$$

これを任意のベクトル $|\phi\rangle$ に作用させると

$$\bar{I}|\phi\rangle = \sum_n |a_n\rangle\langle a_n|\phi\rangle = \sum_n c_n |a_n\rangle = |\phi\rangle \tag{付 2.22}$$

となるから、これを恒等演算子という。これを利用してシュレーディンガー表示に変換することができる。位置の演算子 $\bar{r}$ の固有値 r は数ベクトルであり三次元の要素はそれぞれ $-\infty$ から $+\infty$ までの値をとる。任意の状態ベクトル $|\phi\rangle$ は $\langle r|$ をかけると

$$\phi(\mathbf{r}) = \langle \mathbf{r}|\phi\rangle \tag{付 2.23}$$

に変換されるものとする。$\phi(\mathbf{r})$ はシュレーディンガー表示の波動関数である。2つのベクトルの内積 $\langle \phi|\phi\rangle$ を考える。恒等演算子を積分に拡張し

$$\bar{I} = \int |\mathbf{r}\rangle\langle \mathbf{r}| d\mathbf{r} \tag{付 2.24}$$

と書くと、

$$\begin{aligned}\langle \phi|\phi\rangle &= \langle \phi|\bar{I}|\phi\rangle = \int \langle \phi|\mathbf{r}\rangle\langle \mathbf{r}|\phi\rangle d\mathbf{r} \\ &= \int \phi^* \phi \, d\mathbf{r}\end{aligned} \tag{付 2.25}$$

となり、シュレーディンガー表示に変換される。

運動量については次の関係を要請する。

$$\langle \mathbf{r}|\overline{p_x}|\phi\rangle = -i\hbar \frac{\partial}{\partial x}\langle \mathbf{r}|\phi\rangle = -i\hbar \frac{\partial}{\partial x}\phi \tag{付 2.26}$$

これから

$$\langle \phi|\overline{p_x}|\phi\rangle = \langle \phi|\bar{I}\,\overline{p_x}|\phi\rangle = \int \langle \phi|\mathbf{r}\rangle\langle \mathbf{r}|\overline{p_x}|\phi\rangle d\mathbf{r}$$

$$= -i\hbar \int \langle \phi | \bm{r} \rangle (\partial/\partial x) \langle \bm{r} | \phi \rangle d\bm{r}$$

$$= -i\hbar \int \phi^*(\partial/\partial x) \phi d\bm{r} \qquad (\text{付} 2.27)$$

が得られる。位置と運動量の関数であるハミルトニアンも同様の形で、シュレーディンガー表示に変換される。

付録 3

調和振動子のエネルギー

バネに取り付けた質点の運動は調和振動子の最も簡単な例である。運動方程式は、

$$m\frac{d^2x}{dt^2}+Kx=0 \tag{付 3.1}$$

である。ここに m は質量、K はバネ定数であり変位 x に対して復元力 Kx を与える比例定数である。解は

$$x=A\cdot\exp(i\omega t) \tag{付 3.2}$$

で与えられる。ここに

$$\omega=\sqrt{K/m} \tag{付 3.3}$$

である。エネルギーは運動エネルギーとポテンシャルエネルギーの和として、

$$E=\frac{mv^2}{2}+\frac{Kx^2}{2}=\frac{p_x^2}{2m}+\frac{m\omega^2x^2}{2} \tag{付 3.4}$$

と表される。これから固有値方程式は

$$\frac{1}{2m}(\overline{p_x}^2+m^2\omega^2\overline{x}^2)|E\rangle=E|E\rangle \tag{付 3.5}$$

となる。次の新しい演算子を導入する。

$$\overline{a}=\frac{1}{\sqrt{2m\hbar\omega}}(m\omega\overline{x}+i\overline{p_x}) \tag{付 3.6}$$

$$\overline{a^+}=\frac{1}{\sqrt{2m\hbar\omega}}(m\omega\overline{x}-i\overline{p_x}) \tag{付 3.7}$$

これらの交換関係は

$$[\overline{a},\overline{a^+}]=(i/\hbar)(\overline{x}\,\overline{p_x}-\overline{p_x}\,\overline{x})=1 \tag{付 3.8}$$

である。逆に解くと

$$\overline{p_x} = i\sqrt{\frac{m\hbar\omega}{2}}(\overline{a^+} - \overline{a}) \tag{付 3.9}$$

$$\overline{x} = \sqrt{\frac{\hbar}{2m\omega}}(\overline{a^+} + \overline{a}) \tag{付 3.10}$$

(付 3.5) 式に代入すると

$$\overline{H}|E\rangle = E|E\rangle \tag{付 3.11}$$

となる。ここに

$$\overline{H} = \frac{\hbar\omega}{2}(\overline{a^+}\overline{a} + \overline{a}\overline{a^+}) = \hbar\omega\left(\overline{a^+}\overline{a} + \frac{1}{2}\right) \tag{付 3.12}$$

である。

特定の固有値 E_n と固有ベクトル $|E_n\rangle$ がわかっているとしよう。このとき固有値方程式に $\overline{a}$ をかけると

$$\overline{a}\overline{H}|E_n\rangle = E_n\overline{a}|E_n\rangle \tag{付 3.13}$$

となる。$\overline{a}$ と $\overline{H}$ の交換関係は (付 3.8)、(付 3.12) 式から

$$\overline{a}\overline{H} - \overline{H}\overline{a} = \hbar\omega \tag{付 3.14}$$

であるから

$$\overline{H}\overline{a}|E_n\rangle = (E_n - \hbar\omega)\overline{a}|E_n\rangle \tag{付 3.15}$$

となって、$\overline{a}|E_n\rangle$ は $(E_n - \hbar\omega)$ を固有値とする固有ベクトルになっていることがわかる。この操作を次々と行っていくと、固有値は $\hbar\omega$ ずつ減っていく。すなわち調和振動子のエネルギーは間隔 $\hbar\omega$ のはしごのような形をしていることがわかる。

はしごには上端はなく無限のエネルギーまでとり得るが、エネルギーは負にならないからはしごには最下端がある。この基底状態のエネルギーを E_0、固有ベクトルを $|E_0\rangle$ とすると (付 3.15) 式に相当するものは

$$\overline{H}\overline{a}|E_0\rangle = (E_0 - \hbar\omega)\overline{a}|E_0\rangle \tag{付 3.16}$$

となる。仮定により E_0 より低いエネルギー固有値はないから、この式が成立するには $\overline{a}|E_0\rangle = 0$ でなければならない。このとき、基底状態の固有値方程式は

$$\overline{H}|E_0\rangle = \hbar\omega\left(\overline{a^+}\overline{a} + \frac{1}{2}\right)|E_0\rangle = E_0|E_0\rangle \tag{付 3.17}$$

であるから、

$$E_0 = \hbar\omega/2 \tag{付 3.18}$$

が得られる。

演算子 $\overline{a}$ が作用するとエネルギーを $\hbar\omega$ だけ減少させる。すなわち量子 1 つ分のエネルギーを減少させるのでこれを消滅演算子（annihilation operator）という。一方、演算子 $\overline{a^+}$ は同様の計算から

$$\overline{H}\,\overline{a^+}|E_n\rangle = (E_n + \hbar\omega)\overline{a^+}|E_n\rangle \tag{付 3.19}$$

となってエネルギーを $\hbar\omega$ だけ逆に増加させる。このため $\overline{a^+}$ を生成演算子（creation operator）という。

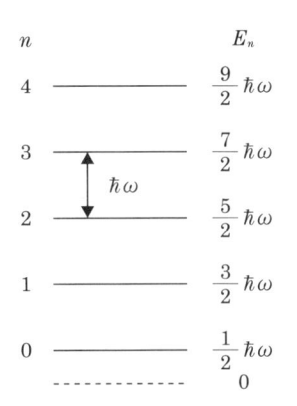

n		E_n
4	———	$\frac{9}{2}\hbar\omega$
3	———	$\frac{7}{2}\hbar\omega$
	$\updownarrow \hbar\omega$	
2	———	$\frac{5}{2}\hbar\omega$
1	———	$\frac{3}{2}\hbar\omega$
0	———	$\frac{1}{2}\hbar\omega$
	-------------	0

図付 3-1　調和振動子のエネルギー

付録 4

フェルミ分布とボーズ分布

(1) 計算の前提

エネルギー間隔が十分狭く無数の準位が存在している場合を考える。これら準位をグループ分けし、1, 2, 3, …, i, …のほとんど同じエネルギーを持つ組に分ける。i番目の組の準位数を M_i、エネルギーを E_i、粒子数を N_i、とする。粒子の総数 N は

$$N = \sum_i N_i \qquad (付 4.1)$$

である。

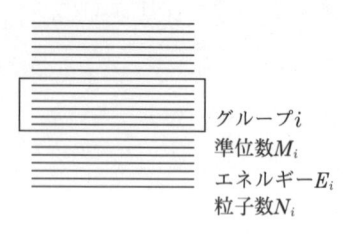

図付 4-1 エネルギー準位の区分け
グループi
準位数M_i
エネルギーE_i
粒子数N_i

(2) 状態の数

電子や陽子、中性子などは半奇数のスピン（$\hbar/2$）を持ち、パウリの原理に従い1つのエネルギー準位には1つの粒子しか入れない。このような粒子をフェルミ粒子といい、フェルミ-ディラック（FD）統計に従う。M_i個の準位に N_i個の粒子を入れる方法の数、すなわち状態の数は

$$g_i(N_i) = \frac{M_i!}{N_i!(M_i - N_i)!} \qquad \text{FD} \qquad (付 4.2)$$

図付 4-2 FD（上）とBE（下）の粒子の入り方

光子や He⁴、重陽子などは正数のスピン（$\hbar$）を持ち、パウリの原理による

制限がなく、1つのエネルギー準位に何個でも粒子が入ることができる。このような粒子をボーズ粒子といい、ボーズ‐アインシュタイン（BE）統計に従う。このとき状態の数は

$$g_i(N_i) = \frac{(N_i+M_i-1)!}{N_i!(M_i-1)!} \qquad \text{BE} \qquad (付4.3)$$

となる。これは N_i 個の粒子の間に M_i-1 個の壁を置く方法の数に等しい。（FDの式で N_i はそのままで、$M_i \to N_i+M_i-1$ と置き換えたものである。）すなわち N_i 個の粒子を M_i 個の準位に配分する方法の数である。M_i が1に比べて十分大きいときには

$$g_i(N_i) = \frac{(N_i+M_i)!}{N_i!M_i!} \qquad (付4.4)$$

となる。N が十分大きいときにはスターリングの公式

$$\ln(N!) = N \cdot \ln(N) - N \qquad (付4.5)$$

が成り立つから

$$\ln(g_i(N_i)) = \ln(M_i!) - \ln(N_i!) - \ln((M_i-N_i)!)$$
$$= M_i \ln(M_i) - (M_i-N_i)\ln(M_i-N_i) - N_i \ln(N_i) \quad \text{FD} \quad (付4.6)$$

$$\ln(g_i(N_i)) = \ln((M_i+N_i)!) - \ln(M_i!) - \ln(N_i!)$$
$$= -M_i \ln(M_i) + (M_i+N_i)\ln(M_i+N_i) - N_i \ln(N_i) \quad \text{BE} \quad (付4.7)$$

N_i で微分すると

$$\frac{\partial \ln(g_i(N_i))}{\partial N_i} = \ln(M_i-N_i) + \frac{(M_i-N_i)}{(M_i-N_i)} - \ln(N_i) - \frac{N_i}{N_i} \qquad (付4.8)$$

$$\therefore \frac{\partial \ln(g_i(N_i))}{\partial N_i} = \ln\left(\frac{M_i-N_i}{N_i}\right) \qquad \text{FD} \qquad (付4.9)$$

同様に

$$\frac{\partial \ln(g_i(N_i))}{\partial N_i} = \ln\left(\frac{M_i+N_i}{N_i}\right) \qquad \text{BE} \qquad (付4.10)$$

(3) ヘルムホルツの自由エネルギー

ヘルムホルツの自由エネルギー（Helmholtz free energy）は次式で与えられる。

$$F = E - TS \quad (付4.11)$$

ここに E は全系のエネルギー、T は絶対温度、S はエントロピー（entropy）である。エネルギーは

$$E = \sum N_i E_i \quad (付4.12)$$

エントロピーは全系の状態の数 g を用いて、

$$S = k \cdot \ln(g) \quad (付4.13)$$

ここに k はボルツマン定数である。全系の状態数 g は

$$g = \prod_{i=1}^{\infty} g_i(N_i) \quad (付4.14)$$

これらの関係から

$$F = \sum_i \{N_i E_i - kT \ln(g_i(N_i))\} \quad (付4.15)$$

　一定の体積、温度のもとではヘルムホルツのエネルギーは最小値をとる。状態の占有数 N_i の分布で F を最小にするわけだが、N_i はすべて独立というわけではない。特定の組の占有数を N_j とすると、

$$N_j = N - \sum_j{}' N_i \quad (付4.16)$$

ここで $'$ は $i=j$ の項を総和から除くことを意味する。すると F は

$$F = \sum_j{}' \{N_i E_i - kT \ln(g_i(N_i))\} + N_j E_j - kT \ln(g_j(N_j)) \quad (付4.17)$$

と書ける。最小値は

$$\partial F / \partial N_i = 0 \quad ; \quad i = 1, 2, 3, \ldots, j-1, j+1, \ldots \quad (付4.18)$$

で与えられるから

$$\frac{\partial F}{\partial N_i} = E_i - kT \frac{\partial}{\partial N_i} \ln(g_i(N_i)) + \left\{ E_j - kT \frac{\partial}{\partial N_j} \ln(g_j(N_j)) \right\} \cdot \frac{\partial N_j}{\partial N_i} = 0$$

$$(付4.19)$$

$\partial N_j / \partial N_i = -1$ から

$$E_i - kT \frac{\partial}{\partial N_i} \ln(g_i(N_i)) = E_j - kT \frac{\partial}{\partial N_j} \ln(g_j(N_j)) \quad (付4.20)$$

したがってこれらの値はすべての組について等しいこととなり、これをμとおくと

$$\mu = E_i - kT\frac{\partial}{\partial N_i}\ln(g_i(N_i)) \quad ; \quad i=1, 2, 3, \cdots\cdots, i, \cdots\cdots \quad (\text{付 4.21})$$

あるいは

$$\frac{\partial}{\partial N_i}\ln(g_i(N_i)) = \frac{E_i - \mu}{kT} \quad (\text{付 4.22})$$

となる。μ は化学ポテンシャルとして知られる量である。フェルミ分布の場合にはこれをフェルミエネルギーという。

F の全粒子数 N による変化は、

$$\begin{aligned}\frac{\partial F}{\partial N} &= \frac{\partial}{\partial N_i}\sum_i \{N_i E_i - kT\ln(g_i(N_i))\} \cdot \frac{\partial N_i}{\partial N} \\ &= \sum_i \{E_i - kT\frac{\partial}{\partial N_i}\ln(g_i(N_i))\} \cdot \frac{\partial N_i}{\partial N} \\ &= \mu\sum_i \frac{\partial N_i}{\partial N} = \mu\frac{\partial}{\partial N}\sum_i N_i \\ &= \mu \quad (\text{付 4.23})\end{aligned}$$

である。

(4) 分布関数

(付 4.9)、(付 4.10) 式と (付 4.22) 式を組み合わせると、

$$\ln\frac{M_i - N_i}{N_i} = \frac{E_i - \mu}{kT} \qquad \text{FD} \qquad (\text{付 4.24})$$

$$\ln\frac{M_i + N_i}{N_i} = \frac{E_i - \mu}{kT} \qquad \text{BE} \qquad (\text{付 4.25})$$

従って、占有割合 N_i/M_i は

$$\frac{N_i}{M_i} = \frac{1}{\exp((E_i - \mu)/kT) + 1} \qquad \text{FD} \qquad (\text{付 4.26})$$

$$\frac{N_i}{M_i} = \frac{1}{\exp((E_i - \mu)/kT) - 1} \qquad \text{BE} \qquad (\text{付 4.27})$$

となる。

エネルギー E の1つの状態を占める粒子数の平均値は

$$\langle n \rangle = \frac{1}{\exp((E-\mu)/kT)+1} \quad \text{FD} \qquad (\text{付 4.28})$$

$$\langle n \rangle = \frac{1}{\exp((E-\mu)/kT)-1} \quad \text{BE} \qquad (\text{付 4.29})$$

光子のように総数が不定の粒子では $\mu=0$ と置き、

$$\langle n \rangle = \frac{1}{\exp(E/kT)-1} \qquad (\text{付 4.30})$$

である。exp の項は0ないし無限大となるから、フェルミ粒子は0ないし1の平均粒子数となる。一方ボーズ粒子は $E>\mu$ で0から∞までの値をとり得る。

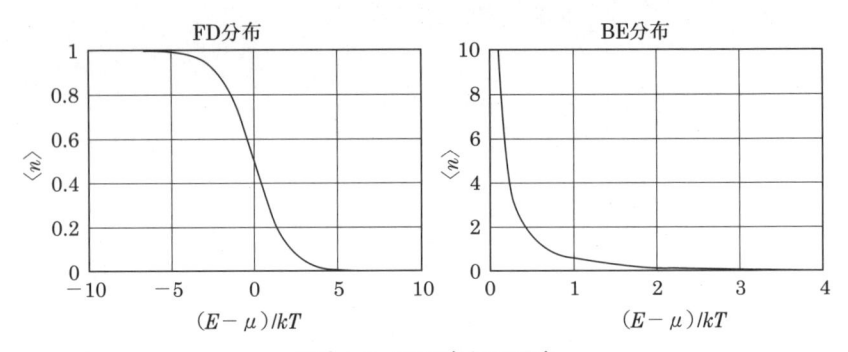

図付 4-3　FD分布とBE分布

付録 5

マクスウェル‐ボルツマンの速度分布則

(1) 気体の圧力

気体中の分子は平均速度 v でほとんど自由に運動している。これらの分子が容器の壁に弾性衝突して圧力を与える。x 方向に速度 v_x を持つ分子は壁に衝突して $-v_x$ の速度となり、壁は $2mv_x$ の力積を受ける。すなわち

$$Fdt = 2mv_x \qquad (付5.1)$$

である。容器の x 方向の長さを L とするとこの分子が再び同じ壁に衝突するまでの時間は

$$T = \frac{2L}{v_x} \qquad (付5.2)$$

である。この間平均して一定の力 F' が働いているとすると、

$$F'T = Fdt = 2mv_x \qquad (付5.3)$$

したがって

$$F' = \frac{mv_x^2}{L} \qquad (付5.4)$$

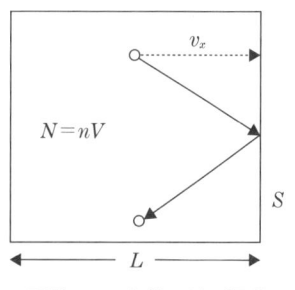

図付 5-1 気体分子の運動

$V = SL$ の空間に N 個の分子があるとき、圧力 p は

$$pS = NF' = \frac{Nmv_x^2}{L}$$

$$\therefore p = \frac{Nmv_x^2}{V} \qquad (付5.5)$$

気体が流れていなければ

$$v_x^2 = v_y^2 = v_z^2 = \frac{v^2}{3} \qquad (付5.6)$$

であるから

$$p = \frac{Nmv^2}{3V} \tag{付5.7}$$

が得られる。

ボイル‐シャールの法則はモル数ν、気体定数R、温度Tとして

$$pV = \nu RT \tag{付5.8}$$

である。これと比較すると、平均エネルギーは

$$\frac{1}{2}mv^2 = \frac{3}{2}\frac{pV}{N} = \frac{3}{2}\frac{\nu RT}{N} = \frac{3}{2}kT \tag{付5.9}$$

ここに

$$k = \frac{\nu R}{N} \tag{付5.10}$$

はボルツマン定数である。

(2) マクスウェル‐ボルツマンの速度分布則

分子の運動は無秩序であるからx、y、z方向への運動は同等、独立である。x、y、z方向の速度成分v_x、v_y、v_zがそれぞれ$v_x \sim v_x + dv_x$、$v_y \sim v_y + dv_y$、$v_z \sim v_z + dv_z$の間にくる確率$f(v_x, v_y, v_z)$は、それぞれの方向で$v_x \sim v_x + dv_x$などに入る確率$f(v_x)$、$f(v_y)$、$f(v_z)$の積に等しい。すなわち

$$f(v_x, v_y, v_z) dv_x dv_y dv_z = f(v_x) f(v_y) f(v_z) dv_x dv_y dv_z \tag{付5.11}$$

速度$\boldsymbol{v} = (v_x, v_y, v_z)$の方向を新しい座標軸にとると

$$v^2 = v_x^2 + v_y^2 + v_z^2 \tag{付5.12}$$

$$f(v_x) f(v_y) f(v_z) = f(v) f(0) f(0) \tag{付5.13}$$

両辺の対数をとりv_xについて微分すると

$$\frac{f'(v_x)}{f(v_x)} = \frac{f'(v)}{f(v)} \frac{dv}{dv_x} \tag{付5.14}$$

$dv/dv_x = v_x/v$であるから

$$\frac{f'(v_x)}{f(v_x) \cdot v_x} = \frac{f'(v)}{f(v) \cdot v} \tag{付5.15}$$

これがv_x、v_y、v_zのいかなる値についても成り立つためには定数でなくてはな

らない。

$$\frac{f'(v_x)}{f(v_x)\cdot v_x}=-2\lambda \quad (付5.16)$$

と置き、積分して

$$f(v_x)=\alpha\exp(-\lambda v_x^2) \quad (付5.17)$$

したがって

$$\begin{aligned}&f(v_x, v_y, v_z)dv_xdv_ydv_z\\&=\alpha^3\exp(-\lambda(v_x^2+v_y^2\\&+v_z^2))dv_xdv_ydv_z\quad (付5.18)\end{aligned}$$

図付 5-2 極座標

$v \sim v+dv$ の間にくる確率 $\phi(v)$ を求めるには、極座標への変換を行う。

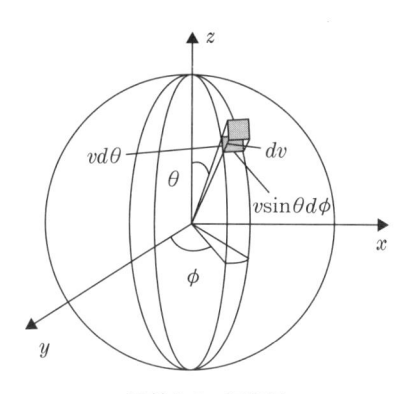

$$dv_xdv_ydv_z=v^2\sin\theta\,dvd\theta d\phi \quad (付5.19)$$

を用い、θ を 0 から π、ϕ を 0 から 2π まで積分すると

$$\begin{aligned}\phi(v)dv&=\int_0^{2\pi}\int_0^{\pi}\alpha^3\exp(-\lambda(v_x^2+v_y^2+v_z^2))v^2\sin\theta dvd\theta d\phi\\&=\alpha^3\exp(-\lambda v^2)v^2dv\int_0^{\pi}\sin\theta d\theta\int_0^{2\pi}d\phi\\&=4\pi\alpha^3\exp(-\lambda v^2)v^2dv \quad (付5.20)\end{aligned}$$

さて、$\phi(v)$ は確率であるから無限に大きな速度に対しては 0 となる必要があり、λ は正である。よって

$$\lambda=\beta^2 \quad (付5.21)$$

と置く。速度を 0 から無限大まで積分すると 1 となるから、

$$4\pi\alpha^3\int_0^{\infty}\exp(-\beta^2v^2)v^2dv=1 \quad (付5.22)$$

である。数学公式

$$\int_0^{\infty}\exp(-at^2)t^{2n}dt=\frac{2n-1}{2a}\int_0^{\infty}\exp(-at^2)t^{2n-2}dt \quad (付5.23)$$

$$\int_0^\infty \exp(-at^2)dt = \frac{1}{2}\sqrt{\frac{\pi}{a}} \tag{付 5.24}$$

から、(付 5.22) 式の積分は

$$\frac{\sqrt{\pi}}{4\beta^3} \tag{付 5.25}$$

となるので

$$\alpha = \frac{\beta}{\sqrt{\pi}} \tag{付 5.26}$$

の関係が得られる。

v^2 の平均は

$$\langle v^2 \rangle = \int_0^\infty v^2 \phi(v) dv / \int_0^\infty \phi(v) dv$$

$$= \frac{4\beta^3}{\sqrt{\pi}} \int_0^\infty \exp(-\beta^2 v^2) v^4 dv$$

$$= \frac{3}{2\beta^2} \tag{付 5.27}$$

となる。一方 (付 5.9) 式から

$$\frac{1}{2} m \langle v \rangle^2 = \frac{3}{2} kT \tag{付 5.28}$$

であるから、

$$\beta = \sqrt{\frac{m}{2kT}} \tag{付 5.29}$$

が求まる。したがって、最終的な分布則の形は

$$\phi(v) dv = 4\pi \left(\frac{m}{2\pi kT}\right)^{\frac{3}{2}} v^2 \exp\left(-\frac{mv^2}{2kT}\right) dv \tag{付 5.30}$$

また、1 方向 (x 方向) に速度 v を持つ確率は (付 5.17) 式から

$$f(v_x) = \frac{\beta}{\sqrt{\pi}} \exp(-\beta^2 v_x^2)$$

$$= \sqrt{\frac{m}{2\pi kT}} \exp\left(-\frac{m}{2kT} v_x^2\right) \tag{付 5.31}$$

最大確率の速度 v_m は $d\phi/dv=0$ から

$$v_m = \sqrt{\frac{2kT}{m}} \tag{付 5.32}$$

平均速度 $\langle v \rangle$ は

$$\langle v \rangle = \int_0^\infty v\phi(v)dv \Big/ \int_0^\infty \phi(v)dv = \sqrt{\frac{8kT}{\pi m}} \tag{付 5.33}$$

2乗平均の根は

$$\sqrt{\langle v^2 \rangle} = \sqrt{\frac{3kT}{m}} \tag{付 5.34}$$

となる。

水素分子の速度分布を図付5-3に示す。水素分子の質量は $3.347 \cdot 10^{-27}$ kg であり、平均速度 $\langle v \rangle$ は約1700m/sとなる。

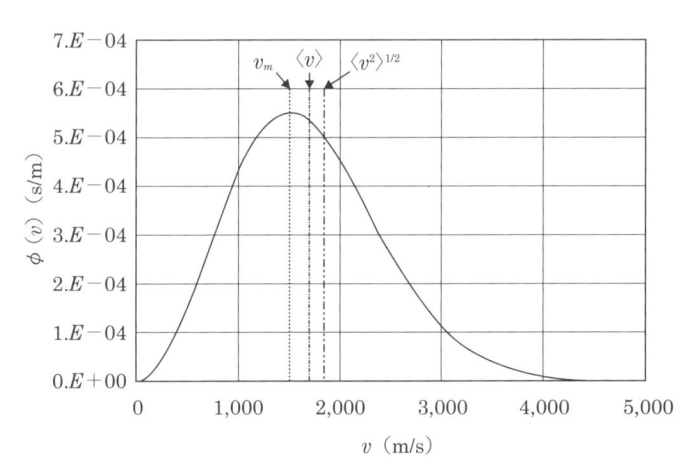

図付5-3 水素分子の速度分布

付録 6

還元状態密度と再結合の割合

(1) 還元状態密度

k 選択則のある場合、遷移は k を保存して行われるから、特定の波数 k を持った伝導帯の電子は同じ波数のホールと再結合する。これから一方のバンドを $E(k)$=constant に見立て、他方にのみエネルギー依存性を集約した還元状態密度を求めることができる。また価電子帯は軽いホール（light hole）と重いホール（heavy hole）の2つのバンドに分裂するから、これら2つの状態密度を加え合わせることにする。

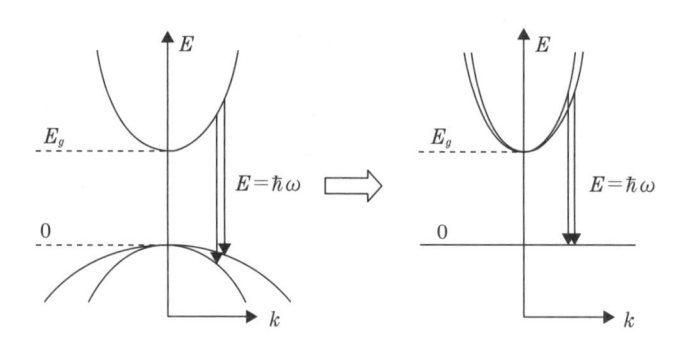

図付 6-1　還元状態密度を求めるためのバンドの変形

バンドをすべてパラボリックと仮定すると、

$$E_u = E_g + \frac{\hbar^2}{2m_c} k^2 \tag{付 6.1}$$

$$E_{ll} = -\frac{\hbar^2}{2m_{vl}} k^2 \tag{付 6.2}$$

$$E_{lh} = -\frac{\hbar^2}{2m_{vh}}k^2 \tag{付 6.3}$$

ここにサフィックス l、h はそれぞれ light hole、heavy hole の頭文字である。エネルギー E の遷移を考えると

$$E = E_u - E_{ll} = E_g + \frac{\hbar^2 k^2}{2}\left(\frac{1}{m_c} + \frac{1}{m_{vl}}\right) \tag{付 6.4}$$

$$E = E_u' - E_{lh} = E_g + \frac{\hbar^2 k'^2}{2}\left(\frac{1}{m_c} + \frac{1}{m_{vh}}\right) \tag{付 6.5}$$

還元質量を

$$\frac{1}{\mu_l} = \frac{1}{m_c} + \frac{1}{m_{vl}} \tag{付 6.6}$$

$$\frac{1}{\mu_h} = \frac{1}{m_c} + \frac{1}{m_{vh}} \tag{付 6.7}$$

と定義すると

$$E = E_g + \frac{\hbar^2 k^2}{2} \cdot \frac{1}{\mu_l} \tag{付 6.8}$$

$$= E_g + \frac{\hbar^2 k^2}{2} \cdot \frac{1}{\mu_h} \tag{付 6.9}$$

状態密度はスピンを考慮して

$$\rho(E)dE = \frac{k^2}{\pi^2}dk \tag{付 6.10}$$

で与えられる。還元状態密度はしたがって、

$$\begin{aligned}\rho_{red}(E) &= \frac{k^2}{\pi^2}\frac{dk}{dE} + \frac{k'^2}{\pi^2}\frac{dk'}{dE} \\ &= \frac{k}{\pi^2}\frac{\mu_l}{\hbar^2} + \frac{k'}{\pi^2}\frac{\mu_h}{\hbar^2} \\ &= \frac{\sqrt{2}}{\pi^2 \hbar^3}(\mu_l^{\frac{3}{2}} + \mu_h^{\frac{3}{2}})\sqrt{E - E_g}\end{aligned} \tag{付 6.11}$$

となる。軽いホール、重いホールそれぞれに対する還元密度は価電子帯の曲がりを反映して、元の伝導帯の密度に比べて小さくなっている。

GaAs では $m_c/m_0 = 0.0665$、$m_{vl}/m_0 = 0.087$、$m_{vh}/m_0 = 0.575$ であるから、伝導帯電子の状態密度は

$$\rho_c(E) = 1.82E54\sqrt{E-E_g} \quad [\mathrm{m^{-3}J^{-1}}] \qquad (付 6.12)$$

である。軽いホールに対する還元状態密度の比例係数は $7.77E53$、重いホールに対するそれは $1.54E54$ となり、これらを合計して還元状態密度は

$$\rho_{red}(E) = 2.32E54\sqrt{E-E_g} \quad [\mathrm{m^{-3}J^{-1}}] \qquad (付 6.13)$$

で与えられる。

(2) 再結合の割合

再結合の割合、すなわち自然放出の全量はすべての E についての積分で与えられ、

$$R_{sp} = \int_{E_g}^{\infty} \gamma_{spon}(E) dE$$
$$= \int_{E_g}^{\infty} Z(E) B_{21}'' f_u (1-f_l) \frac{\sqrt{2}}{\pi^2 \hbar^3} (\mu_l^{\frac{3}{2}} + \mu_h^{\frac{3}{2}}) \sqrt{E-E_g} dE \qquad (付 6.14)$$

単位 $[R_{sp}] = [\mathrm{s^{-1}(Js)^{-3}kg^{3/2}J^{1/2}J}] = [\mathrm{m^{-3}s^{-1}}]$

考えている E の領域が狭く、$Z(E)$、B_{21}'' が大きく変わらないとすると、積分の外に出て

$$= Z(E) B_{21}'' \frac{\sqrt{2}}{\pi^2 \hbar^3} (\mu_l^{\frac{3}{2}} + \mu_h^{\frac{3}{2}}) \int_{E_g}^{\infty} \sqrt{E-E_g} f_u (1-f_l) dE \qquad (付 6.15)$$

ここで

$$f_u = \frac{1}{1+\exp\left(\dfrac{E_u - E_{fu}}{kT}\right)} \qquad (付 6.16)$$

$$f_l = \frac{1}{1+\exp\left(\dfrac{E_l - E_{fl}}{kT}\right)} \qquad (付 6.17)$$

$E = E_u - E_l$ であるから、ボルツマン近似を用いて

$$f_u(1-f_l) \simeq \exp\left(\frac{-E + E_{fu} - E_{fl}}{kT}\right) \qquad (付 6.18)$$

軽いホール、重いホールに対応した2つの遷移の始点および終点のフェルミ分布関数は異なるが、$f_u(1-f_l)$ をとるとここで等しくなり、ρ の代わりに ρ_{red} を

両方の遷移に使えることになる。したがって

$$R_{sp} = Z(E)B_{21}'' \frac{\sqrt{2}}{\pi^2 \hbar^3} (\mu_l^{\frac{3}{2}} + \mu_h^{\frac{3}{2}}) \exp\left(\frac{E_{fu} - E_{fl}}{kT}\right) \int_{E_g}^{\infty} \sqrt{E - E_g} \exp\left(\frac{-E}{kT}\right) dE$$

$E - E_g = E'$ として

$$= Z(E)B_{21}'' \frac{\sqrt{2}}{\pi^2 \hbar^3} (\mu_l^{\frac{3}{2}} + \mu_h^{\frac{3}{2}}) \exp\left(\frac{-E_g + E_{fu} - E_{fl}}{kT}\right) \int_0^{\infty} \sqrt{E'} \exp\left(\frac{-E'}{kT}\right) dE'$$

(付 6.19)

公式

$$\int_0^{\infty} x^n \exp(-ax) dx = \frac{\Gamma(n+1)}{a^{n+1}} \tag{付 6.20}$$

を使い

$$R_{sp} = Z(E)B_{21}'' \frac{\sqrt{2}}{\pi^2 \hbar^3} (\mu_l^{\frac{3}{2}} + \mu_h^{\frac{3}{2}}) \exp\left(\frac{-E_g + E_{fu} - E_{fl}}{kT}\right) \Gamma\left(\frac{3}{2}\right) \Big/ \left(\frac{1}{kT}\right)^{\frac{3}{2}}$$

$$= Z(E)B_{21}'' \frac{\sqrt{2}}{\pi^2 \hbar^3} (\mu_l^{\frac{3}{2}} + \mu_h^{\frac{3}{2}}) \exp\left(\frac{-E_g + E_{fu} - E_{fl}}{kT}\right) \frac{\sqrt{\pi}}{2} (kT)^{\frac{3}{2}}$$

(付 6.21)

となる。さて、

$$n = N_c \exp\left(\frac{E_{fu} - E_c}{kT}\right) \tag{付 6.22}$$

$$p = N_v \exp\left(\frac{E_v - E_{fl}}{kT}\right) \tag{付 6.23}$$

の積は

$$np = N_c N_v \exp\left(\frac{E_{fu} - E_{fl} - E_g}{kT}\right) \tag{付 6.24}$$

であるから、R_{sp} は電子・ホールの積に比例することが導かれる。すなわち

$$R_{sp} = Bnp \tag{付 6.25}$$

$$B = A_{21} \frac{\sqrt{2}}{\pi^2 \hbar^3} (\mu_l^{\frac{3}{2}} + \mu_h^{\frac{3}{2}}) \frac{1}{N_c N_v} \frac{\sqrt{\pi}}{2} (kT)^{\frac{3}{2}} \tag{付 6.26}$$

ここで

$$N_c = 2\left(\frac{m_c kT}{2\pi\hbar^2}\right)^{\frac{3}{2}} \tag{付6.27}$$

$$N_v = 2\left(\frac{m_{vl}kT}{2\pi\hbar^2}\right)^{\frac{3}{2}} + 2\left(\frac{m_{vh}kT}{2\pi\hbar^2}\right)^{\frac{3}{2}} \tag{付6.28}$$

を用いると

$$B = A_{21}\sqrt{2}\left(\frac{\pi\hbar^2}{kT}\right)^{\frac{3}{2}}(\mu_l^{\frac{3}{2}} + \mu_h^{\frac{3}{2}})/(m_c^{\frac{3}{2}}(m_{vl}^{\frac{3}{2}} + m_{vh}^{\frac{3}{2}})) \tag{付6.29}$$

$$\text{単位 } [B] = [\text{s}^{-1}(\text{Js})^3\text{J}^{-3/2}\text{kg}^{-3/2}] = [\text{m}^3/\text{s}]$$
$$\therefore [Bnp] = [\text{m}^{-3}\text{s}^{-1}]$$

となる。

物理定数表

物理量	記号	値	単位
光速度	c	$2.9979246E+08$	ms^{-1}
プランク定数	h	$6.62559E-34$	Js
		$4.13557E-15$	eVs
電子の電荷	e	$1.6021E-19$	C
電子の質量	m_0	$9.10908E-31$	kg
ボルツマン定数	k	$1.38066E-23$	JK^{-1}
真空の誘電率	ε_0	$8.85419E-12$	$\text{Fm}^{-1}(\text{CV}^{-1}\text{m}^{-1})$
真空の透磁率	μ_0	$1.2566E-06$	$\text{Hm}^{-1}(\text{VsA}^{-1}\text{m}^{-1})$
アボガドロ数		$6.022169E+23$	mole^{-1}

単位の接頭語

記号	読み	倍数
T	テラ	10^{12}
G	ギガ	10^9
M	メガ	10^6
k	キロ	10^3
c	センチ	10^{-2}
m	ミリ	10^{-3}
μ	マイクロ	10^{-6}
n	ナノ	10^{-9}
p	ピコ	10^{-12}
f	フェムト	10^{-15}

物理量と単位

物理量	本書で使用する記号	単位名称	単位記号	他の単位表記	
長さ	L	メートル	m		SI 単位
質量	m	キログラム	kg		
時間	t	秒	s		
電流	I	アンペア	A		
温度	T	ケルビン	K		
物質量	ν	モル	mol		
角度	θ	ラジアン	rad		
振動数、周波数	ν、f	ヘルツ	Hz	s^{-1}	SI 組立単位
力	F	ニュートン	N	Jm^{-1}	
エネルギー	E	ジュール	J	kgm^2s^{-2}	
仕事率		ワット	W	Js^{-1}	
電荷	Q	クーロン	C	As	
電圧	V	ボルト	V	WA^{-1}	
容量	C	ファラッド	F	CV^{-1}	
抵抗	R	オーム	Ω	VA^{-1}	
磁束		ウエーバー	Wb	Vs	
インダクタンス		ヘンリー	H	WbA^{-1}	
拡散定数	D			m^2s^{-1}	その他の単位
格子定数	d			m	
電界	$\boldsymbol{E}$			Vm^{-1}	
磁界	$\boldsymbol{H}$			Am^{-1}	
電流密度	$\boldsymbol{J}$			Am^{-2}	
波数	$\boldsymbol{k}$			m^{-1}	
電子密度	n			m^{-3}	
分極	$\boldsymbol{P}$			Cm^{-2}	
運動量	$\boldsymbol{p}$			$kgms^{-1}$	
ホール密度	p			m^{-3}	
距離	$\boldsymbol{r}$			m	
面積	S			m^2	
体積	V			m^3	
速度	$\boldsymbol{v}$			ms^{-1}	
吸収係数	α			m^{-1}	
屈折率	η			—	
波長	λ			m	
移動度	μ			$m^2V^{-1}s^{-1}$	
状態密度	ρ			$m^{-3}J^{-1}$	
導電率	σ			$\Omega^{-1}m^{-1}$	
時定数	τ			s	
電気感受率	χ			—	
電子親和力	χ			J	
角周波数	ω			s^{-1}	

ベクトル公式

$$\nabla = \frac{\partial}{\partial x}\boldsymbol{i} + \frac{\partial}{\partial y}\boldsymbol{j} + \frac{\partial}{\partial z}\boldsymbol{k} \quad ; \quad \text{ナブラ (nabla)}$$

$$\text{grad}\,U = \nabla U = \frac{\partial U}{\partial x}\boldsymbol{i} + \frac{\partial U}{\partial y}\boldsymbol{j} + \frac{\partial U}{\partial z}\boldsymbol{k}$$

$$\text{div}\,\boldsymbol{V} = \nabla \cdot \boldsymbol{V} = \frac{\partial V_x}{\partial x} + \frac{\partial V_y}{\partial y} + \frac{\partial V_z}{\partial z}$$

$$\text{rot}\,\boldsymbol{V} = \nabla \times \boldsymbol{V} = \left(\frac{\partial V_z}{\partial y} - \frac{\partial V_y}{\partial z}\right)\boldsymbol{i} + \left(\frac{\partial V_x}{\partial z} - \frac{\partial V_z}{\partial x}\right)\boldsymbol{j} + \left(\frac{\partial V_y}{\partial x} - \frac{\partial V_x}{\partial y}\right)\boldsymbol{k}$$

$$\nabla(\nabla \times \boldsymbol{V}) = 0$$

$$\nabla \times (\nabla U) = 0$$

$$\nabla^2 = \nabla\nabla = \Delta \quad ; \quad \text{ラプラシアン (Laplacian)}$$

$$\Delta U = \nabla(\nabla U) = \text{div}(\text{grad}\,U) = \frac{\partial^2 U}{\partial x^2} + \frac{\partial^2 U}{\partial y^2} + \frac{\partial^2 U}{\partial z^2}$$

$$\Delta \boldsymbol{V} = \left(\frac{\partial^2 V_x}{\partial x^2} + \frac{\partial^2 V_x}{\partial y^2} + \frac{\partial^2 V_x}{\partial z^2}\right)\boldsymbol{i} + \left(\frac{\partial^2 V_y}{\partial x^2} + \frac{\partial^2 V_y}{\partial y^2} + \frac{\partial^2 V_y}{\partial z^2}\right)\boldsymbol{j} + \left(\frac{\partial^2 V_z}{\partial x^2} + \frac{\partial^2 V_z}{\partial y^2} + \frac{\partial^2 V_z}{\partial z^2}\right)\boldsymbol{k}$$

$$\nabla \times \nabla \times \boldsymbol{V} = \nabla(\nabla \cdot \boldsymbol{V}) - \nabla^2 \boldsymbol{V}$$

演習問題解答

第1章

1. $\lambda = h/P = h/mv = 2.21E-30$m
2. $mv^2/2 = 1$eV から
   $v = 5.93E+05$m/s
   $\lambda = 1.23E-09$m
3. $4.54E+21/$cm^3
4. 7.03eV
5. $\alpha = \beta = 1.01E+9/$m から、$|D|^2 = 0.412$

第2章

1. $\sqrt{3}/4 \cdot 5 = 2.17$Å
2. 単位立方格子の中に Ga 原子4個、As 原子4個、計8個の原子があるから
   原子数：$4.4E+22$、密度：5.4g/cm^3
3. （100）$6.86E+14/$cm^2
   （110）$9.70E+14/$cm^2
   （111）$7.92E+14/$cm^2
4. $\boldsymbol{a}_1 = (d/2)(1, -1, -1)$ $\boldsymbol{b}_1 = (1/d)(1, -1, 0)$
   $\boldsymbol{a}_2 = (d/2)(1, 1, 1)$ $\boldsymbol{b}_2 = (1/d)(1, 0, 1)$
   $\boldsymbol{a}_3 = (d/2)(-1, -1, 1)$ $\boldsymbol{b}_3 = (1/d)(0, -1, 1)$

第3章

2. 電荷、波数、運動量、エネルギーの増減
3. 伝導帯の最下端は $k = 3/4 \cdot k_m$ にありこのときのエネルギーは $1/4 \cdot \hbar^2/m_0$ であるから
   a) $1/12 \cdot \hbar^2 k_m^2/m_0 = 1.13$eV
   b) $3/8 \cdot m_0 = 3.42E-31$kg
   c) $-1/6 \cdot m_0 = -1.52E-31$kg
   d) $p = \hbar\Delta k = 3/4 \cdot k_m \cdot \hbar = 1.06E-24$kgm/s

第4章

1. $f = 2E-9$、$n = 5E+10/$cm^3
2. $9.1E+18$ 倍
3. $n_{200}/n_{300} = 2.45E-05$
4. $3.1E+19/$cm^3

第5章

1. 117,126m/s

2. a) $0.23\mu\text{m}$
   b) $1.0E-12s$
   c) $1,760\text{cm}^2V^{-1}s^{-1}$
   d) $45.7\text{cm}^2/s$
3. $n=p=N_c\cdot\exp(-E_g/2kT)=1.11E+10/\text{cm}^3$ から
   $2.82E+05\Omega\text{cm}$

第6章

1. a) $0.953V$
   b) $0.11\mu\text{m}$
   c) $1.69E+05V/\text{cm}$
   d) $Q=1.79E-07C/\text{cm}^2$、$C=0.094\mu F/\text{cm}^2$
   d) $1.40E-10\text{mA/cm}^2$
2. 電子電流が減った分、多数キャリヤのホールが流れて全電流は場所によらず一定となる。

第7章

1. 動作しない。
3. a) 0.999
   b) 0.990
   c) 0.989
   d) 3.18MHz
4. a) $3.5V$
   b) 0.289mA
   c) $1.65E-04/\Omega$
   d) 390MHz

第8章

2. (100) $2.47E+13/\text{cm}^2$
   (110) $1.75E+13/\text{cm}^2$
   (111) $1.43E+13/\text{cm}^2$
3. 0.15eV

第9章

1. 光は速度が周波数によらず一定であるため、$d\omega/dk=\omega/k=C$。したがって、$E=Cp$ となり運動量に比例する。
2. a) $7.06E-03$
   b) $2.80E-21\text{J}$
   c) $1.50E-16\text{Jsm}^{-3}$
   d) $3.57E+36\text{J}^{-1}\text{m}^{-3}$

第 10 章
  2. $\lambda=0.87\mu m$、$k=7.2E4\text{cm}^{-1}$、$\omega=2.2E15/s$
  3. $\chi'=12.48$、$\chi''=0.0404$、$\alpha=864\text{cm}^{-1}$
  4. $A_{21}=1.13E+09/s$、$B_{21}''=1.44E-31\text{Jm}^3/s$

第 11 章
  1. 99.99%、0.10%
  2. 3.6Å
  3. 70.2%、87.7%

第 12 章
  1. 318MHz
  2. 14.4%
  3. $4.0A$

索　引

【あ】
IC　*93*
アインシュタイン　*121*
アインシュタインの関係式
　　　　　　　　52
アクセプタ　*45*
アセンブリ　*179*
アモルファス　*88, 169*
アルゴンコア　*27*
アンダーソンモデル　*104*
暗電流　*160*

【い】
イオン化率比　*162*
位相速度　*4*
移動度　*2, 56*
イメージセンサ　*162*
インゴット　*173*

【う】
ウエハ　*171*
ウエハプロセス　*174*

【え】
ALE　*177*
APD　*161*
LEC法　*173*
LED　*142*
LSI　*93*
MBE　*176*
MCU　*96*
MIS型トランジスタ　*88*
MOCVD　*176*
MOS型トランジスタ　*88*
np積　*49*
エキシトン　*140*
エキシマーレーザ　*179*
エッチング　*174*
エネルギー帯　*31*
エピタキシャル　*176*
エミッション電流　*106*
エミッタ　*76*
エミッタ注入効率　*77*
エルミート　*184*
演算子　*133, 182*
エントロピー　*198*

【お】
オームの法則　*2*
音響フォノン　*61*

【か】
GaAs　*18, 98*
GaN　*98*
解像度　*178*
外部微分量子効率　*152*
外部量子効率　*144*
開放電圧　*166*
化学ポテンシャル　*199*
殻　*27*
拡散長　*72*
拡散電位　*63*
拡散電流　*51*
拡散容量　*84*
角周波数　*4*
可視光線　*114*
過剰少数キャリヤ　*54*
価電子帯　*39*
還元区域方式　*33*
還元状態密度　*127, 206*
間接遷移　*138*
緩和時間　*1, 57*

【き】
帰還　*146*
基礎吸収端　*139*
期待値　*184*
基底ベクトル　*18*
基本格子　*19*
基本並進ベクトル　*19*
逆格子　*22*
キャリヤ　*40*
キャリヤ閉じ込め効果
　　　　　　　　149
吸収　*121*
吸収係数　*125*
許容帯　*31*
禁制帯　*31*

【く】
空乏層　*63*
屈折率　*124*
クラマース・クローニッヒの関係　*125*
クローニッヒ・ペニーの模型　*29*
群速度　*4*

【け】

k 選択則　138
ゲート　85
ゲイン　146
結晶　16
結晶成長　173
ケットベクトル　189

【こ】

光学フォノン　61
交換子　183
光子　115
格子整合　100
格子定数　18
格子振動　59
光子フラックス　129
黒体放射　119
古典力学　3
コヒーレント　155
固有値方程式　182
コレクタ　77
コレクタ増倍率　77
混晶　98

【さ】

再結合　54
サイクル平均定理　134
最密充填構造　16
雑音指数　160
Ⅲ-Ⅴ族半導体　39, 98
散乱　56

【し】

CCD　163
CPU　95

CVD　177
J-FET　85
磁気量子数　27
仕事関数　88
システム LSI　96
自然放出　121
写真製版　174
遮断周波数　82, 92
周期ポテンシャル　10
集積回路　93
縮退　37
主量子数　27
シュレーディンガー　6
順方向　69
消衰係数　124
少数キャリア　49
状態密度　9
ショット雑音　159
消滅演算子　195
真空の誘電率　112
ジンクブレンド格子　17
真性発光　140
真性半導体　44

【す】

水素原子モデル　45
スターリングの公式　197
スピン　9
スペクトル幅　142
スライス　173
スラブ型導波路　150

【せ】

正孔　36
生成演算子　195

静電ポテンシャル　26
整流性　74
接合容量　70
摂動法　185
遷移　54, 121
線スペクトル　125

【そ】

ソース　85
ソーラーセル　166
走行時間　158
相互作用ハミルトニアン　133

【た】

体心立方格子　16
ダイポールモーメント　135
ダイヤモンド格子　17
太陽光　167
太陽電池　166
多結晶 Si 太陽電池　168
多重量子井戸　145
縦モード　148
ダブルヘテロ接合　145
単位格子　16
ダングリングボンド　100
単純立方格子　16
短絡電流　166

【ち】

蓄積　89
チャンネル　85
超格子　110
調和振動子　115, 193

索 引　219

直接遷移　138
チョクラルスキー法　173

【て】

DHレーザ　148
DRAM　94
TFT　88
TJSレーザ　150
ディラック　133, 189
抵抗率　2
電界効果トランジスタ
　　　　　85
電気感受率　124
電子親和力　103
電磁波　112
伝導吸収　140
伝導帯　39
電流増幅率　78

【と】

等価回路　85
等価状態密度　43
透磁率　112
導電率　2
ドナー　44
ドブロイ波　3
トランジスタ　76
ドリフト電流　51
ドレイン　85
トンネル効果　11

【な】

内部量子効率　144
なだれ増倍　77, 161
ナローギャップ半導体

104

【ね】

熱雑音　159
熱速度　57
熱平衡　51

【は】

バイポーラトランジスタ
　　　　　76
パウリの排他律　27, 196
刃状転移　101
波数　4
波束　5
波長　3
パッケージ　171
発光再結合　125, 138
発光ダイオード　142
波動関数　6
波動方程式　6
ハミルトニアン　133, 182
反射防止膜　160
反転　89
半導体レーザ　145
バンド間遷移　140
バンドギャップ　40

【ひ】

BHレーザ　150
pn接合　63
ビット　93
ビット線　94
非発光再結合　101
比誘電率　45
ピンチオフ　86

【ふ】

フィルファクター　166
フェルミ‐ディラック統計
　　　　　40, 196
フェルミエネルギー
　　　　　10, 199
フェルミの黄金則　135
フェルミ粒子　27
フォトダイオード　157
フォトン　115
フォノン　59
不純物半導体　44
プラズマCVD　177
ブラッグ反射　23
フラッシュメモリ　95
フラットバンド電圧　90
ブラベクトル　189
プランク定数　3
プランクの放射則　118
ブリッジマン法　173
ブリルアンゾーン　33
ブロッホ関数　29, 136
分極　124

【へ】

ベース　76
平均光子数　118
平均自由行程　57
並進対称性　16
平面波　3
劈開面　147
ベクトルポテンシャル
　　　　　132
ヘテロ接合　103
ベルナール‐デュラフール

の条件　146
ヘルムホルツの自由エネル
　　ギー　197

【ほ】
ボーズ - アインシュタイン
　　統計　41, 197
ボーズ粒子　27
ホール　36
ポアソンの方程式　67
ポインティングベクトル
　　　　　　　　133
方位量子数　27
飽和電流密度　73
飽和ドリフト速度　158
ポテンシャルエネルギー
　　　　　　　　7
ホモ接合　103
ポリシリコン　171
ボルツマン分布　41
ボルツマン因子　117

【ま】
マイクロプロセッサ　95

マクスウェル　112
マクスウェル - ボルツマン
　　の速度分布則　107, 201
マトリックスエレメント
　　　　　　　　135

【み】
ミラー指数　21

【め】
メモリ　93
面心立方格子　16

【も】
モード間隔　148
モード密度　116

【ゆ】
有効質量　35
誘電体導波路　150
誘電率　67
誘導放出　121
輸送効率　77

【よ】
横モード　150

【ら】
らせん転移　101

【り】
リードフレーム　179
量子井戸　108
量子力学　3, 181

【れ】
レーザダイオード　145
連続の方程式　55

【ろ】
ローレンツ型　125

【わ】
ワード線　94
ワイドギャップ半導体
　　　　　　　　104

■著者略歴

浪崎　博文　（なみざき　ひろふみ）

1968 年	東京大学工学部電子工学科卒
1970 年	東京大学大学院工学系研究科修了
1976 年	工学博士
1970 年～2006 年	三菱電機勤務。半導体レーザ、太陽電池などの研究・開発に従事。
2001 年～	大阪工業大学非常勤講師

半導体工学

2007 年 4 月 27 日　初版第 1 刷発行

■著　　者────浪崎博文
■発 行 者────佐藤　守
■発 行 所────株式会社 大学教育出版
　　　　　　　〒700-0953 岡山市西市 855-4
　　　　　　　電話 (086) 244-1268　FAX (086) 246-0294
■印刷製本────モリモト印刷㈱
■装　　丁────ティーボーンデザイン事務所

Ⓒ Hirofumi NAMIZAKI 2007, Printed in Japan
検印省略　　落丁・乱丁本はお取り替えいたします。
無断で本書の一部または全部を複写・複製することは禁じられています。
ISBN978－4－88730－754－4

■著者略歴

浪崎　博文　（なみざき　ひろふみ）

- 1968年　　東京大学工学部電子工学科卒
- 1970年　　東京大学大学院工学系研究科修了
- 1976年　　工学博士
- 1970年～2006年　三菱電機勤務。半導体レーザ、太陽電池などの研究・開発に従事。
- 2001年～　大阪工業大学非常勤講師

半導体工学

2007年4月27日　初版第1刷発行

- ■著　　者——浪崎博文
- ■発　行　者——佐藤　守
- ■発　行　所——株式会社 大学教育出版
  - 〒700-0953　岡山市西市855-4
  - 電話 (086) 244-1268　FAX (086) 246-0294
- ■印刷製本——モリモト印刷㈱
- ■装　　丁——ティーボーンデザイン事務所

© Hirofumi NAMIZAKI 2007, Printed in Japan
検印省略　　落丁・乱丁本はお取り替えいたします。
無断で本書の一部または全部を複写・複製することは禁じられています。
ISBN978-4-88730-754-4